"十四五"职业教育国家规划教材

"十三五"高等院校
数字艺术精品课程规划教材

全彩慕课版

Photoshop CC
UI 设计案例教程

王京晶 主编／刘丰源 郑龙伟 副主编

U0191421

人民邮电出版社

北京

图书在版编目（ＣＩＰ）数据

Photoshop CC UI设计案例教程：全彩慕课版 / 王
京晶主编. -- 北京：人民邮电出版社，2019.11（2024.6重印）
　　"十三五"高等院校数字艺术精品课程规划教材
　　ISBN 978-7-115-52607-6

　　Ⅰ．①P… Ⅱ．①王… Ⅲ．①图象处理软件－高等学
校－教材②人机界面－程序设计－高等学校－教材 Ⅳ.
①TP391.413②TP311.1

中国版本图书馆CIP数据核字(2019)第254791号

内 容 提 要

本书全面、系统地介绍了 UI 设计的相关知识点和基本设计技巧，包括初识 UI 设计、图标设计、App 界面设计、网页界面设计、软件界面设计和游戏界面设计等内容。

全书内容以知识点讲解与课堂案例为主线。知识点讲解可以使学生能够系统地了解 UI 设计的各类规范，案例部分可以使学生快速掌握 UI 设计流程并能完成案例制作。主要章节的最后还安排了课堂练习和课后习题，可以拓展学生对 UI 设计的实际应用能力。

本书可作为高等院校 UI 设计类课程的教材，也可供初学者自学参考。

◆ 主　　编　王京晶
　　副 主 编　刘丰源　郑龙伟
　　责任编辑　桑　珊
　　责任印制　马振武

◆ 人民邮电出版社出版发行　　北京市丰台区成寿寺路 11 号
　　邮编　100164　　电子邮件　315@ptpress.com.cn
　　网址　http://www.ptpress.com.cn
　　临西县阅读时光印刷有限公司印刷

◆ 开本：787×1092　1/16
　　印张：15　　　　　　　　　　2019 年 11 月第 1 版
　　字数：395 千字　　　　　　　2024 年 6 月河北第 15 次印刷

定价：69.80 元

读者服务热线：(010)81055256　印装质量热线：(010)81055316
反盗版热线：(010)81055315
广告经营许可证：京东市监广登字 20170147 号

UI 设计简介

UI 设计是对软件的人机交互、操作逻辑、界面样式的整体设计。按照应用场景，它可以被简单地分为 App 界面设计、网页界面设计、软件界面设计及游戏界面设计。UI 设计内容丰富、前景广阔，是很多设计爱好者及专业设计师选择的就业方向，已经成为当下设计领域关注度最高的方向之一。

作者团队

新架构互联网设计教育研究院由顶尖商业设计师和院校资深教授创立，立足数字艺术教育 16 年，出版图书 270 余种，畅销 370 万册，《中文版 Photoshop 基础培训教程》销量超 30 万册。研究院通过海量专业案例、丰富配套资源、行业操作技巧、核心内容选取、细腻学习安排，为学习者提供足量的知识、实用的方法、有价值的经验，助力设计师不断成长；为教师提供课程标准、授课计划、教案、PPT、案例、视频、题库、实训项目等一站式教学解决方案。

如何使用本书

Step1 精选基础知识，快速了解 UI 设计。

Photoshop

Step2 知识点解析 + 课堂案例，熟悉设计思路，掌握制作方法。

5.2.2　软件界面设计的界面结构 深入学习软件界面设计的基础知识和设计规范

通用 Windows 平台的软件界面通常都由导航、命令栏和内容元素组成，如图 5-16 所示。

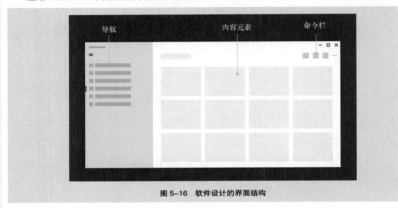

导航　　内容元素　　命令栏

图 5-16　软件设计的界面结构

5.4　课堂案例——制作音乐播放器软件 完成知识点学习后进行案例制作

5.4.1　课堂案例——制作 Song 音乐播放器软件首页

了解目标和要点

【案例学习目标】学习使用绘图工具、文字工具和"创建剪贴蒙版"命令制作音乐播放器软件首页。

【案例知识要点】使用"矩形"工具添加底图颜色，使用"置入"命令置入图片，使用剪贴蒙版调整图片显示区域，使用"横排文字"工具添加文字，使用"矩形"工具、"圆角矩形"工具、"椭圆"工具和"直线"工具绘制基本形状，效果如图 5-55 所示。

【效果所在位置】Ch05/ 效果 / 制作 Song 音乐播放器软件 / 制作 Song 音乐播放器软件首页 .psd。

精选典型商业案例

图 5-55

扫码观看案例详细步骤

Photoshop CC UI 设计案例教程（全彩慕课版）

180

1. 制作侧导航栏

（1）按 Ctrl+N 组合键，新建一个文件，宽度为 900 像素，高度为 580 像素，分辨率为 72 像素 / 英寸，将背景内容设为灰色（241、241、241），如图 5-56 所示，单击"创建"按钮，完成文档的新建。

步骤详解

（2）选择"视图 > 新建参考线版面"命令，弹出"新建参考线版面"对话框，设置如图 5-57 所示。单击"确定"按钮，完成参考线的创建。

（3）选择"视图 > 新建参考线"命令，弹出"新建参考线"对话框，在 74 像素的位置新建一条水平参考线，设置如图 5-58 所示，

图 5-56

Step3 课堂练习 + 课后习题，拓展应用能力。

5.5 课堂练习——制作 More 音乐播放器软件

更多商业案例

【案例学习目标】学习使用绘图工具、文字工具和"创建剪贴蒙版"命令制作音乐播放器软件。

【案例知识要点】使用"置入"命令置入图片，使用剪贴蒙版调整图片显示区域，使用"横排文字"工具添加文字，使用"矩形"工具、"圆角矩形"工具、"椭圆"工具和"直线"工具绘制基本形状，最终效果如图 5-244 所示。

【效果所在位置】Ch05/ 效果 / 制作 More 音乐播放器软件。

图 5-244

制作 More 音乐播放器软件首页 1　制作 More 音乐播放器软件首页 2　制作 More 音乐播放器软件歌单页　制作 More 音乐播放器软件歌曲列表页

扫码看操作视频

5.6 课后习题——制作 CoolPlayer 音乐播放器软件

训练本章所学知识

【案例学习目标】学习使用绘图工具、文字工具和"创建剪贴蒙版"命令制作音乐播放器软件。

【案例知识要点】使用"置入"命令置入图片，使用剪贴蒙版调整图片显示区域，使用"横排文字"工具添加文字，使用"矩形"工具、"圆角矩形"工具、"椭圆"工具和"直线"工具绘制基本形状，最终效果如图 5-245 所示。

【效果所在位置】Ch05/ 效果 / 制作 CoolPlayer 音乐播放器软件。

Photoshop

Step4 循序渐进，演练真实商业项目制作过程。

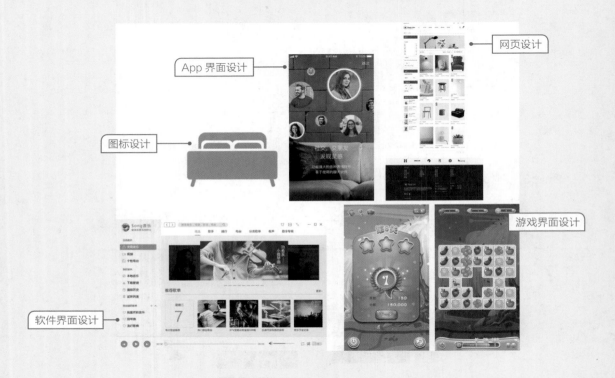

App 界面设计

网页设计

图标设计

游戏界面设计

软件界面设计

配套资源及获取方式

● 所有案例的素材及最终效果文件。

● 案例操作视频。

● 全书 6 章 PPT 课件。

● 教学大纲。

● 教学教案。

全书配套资源，读者可登录人邮教育社区（www.ryjiaoyu.com），在本书页面中免费下载使用。

全书慕课视频，读者可登录人邮学院网站（www.rymooc.com）或扫描封底的二维码，使用手机号码完成注册，在首页右上角单击"学习卡"选项，输入封底刮刮卡中的激活码，即可在线观看视频；扫描书中二维码也可以使用手机观看视频。

教学指导

本书的参考学时为 64 学时，其中实训环节为 32 学时，各章的参考学时参见下面的学时分配表。

章	课程内容	学时分配	
		讲授（学时）	实训（学时）
第 1 章	初识 UI 设计	2	
第 2 章	图标设计	2	4
第 3 章	App 界面设计	8	8
第 4 章	网页界面设计	8	8
第 5 章	软件界面设计	8	8
第 6 章	游戏界面设计	4	4
学时总计		32	32

课程思政元素分布参见下面的思政元素表。

序号	章	案例名称	思政元素
1	第 2 章	绘制扁平化风格 – 不透明色块面性图标（家居）	科技兴国、智能家居
2	第 2 章	绘制扁平化风格 – 微渐变面性图标（旅游）	乡村振兴、促进地方消费
3	第 2 章	绘制扁平化风格 – 折纸投影图标（医疗）	科技兴国、智慧医疗，互联网 + 医疗
4	第 3 章	制作侃侃 App	开放、共享
5	第 4 章	制作装饰家居电商网站	促进经济消费、拓宽销售渠道、增加就业岗位

本书约定

本书案例素材所在位置：云盘 / 章号 / 素材 / 案例名，如云盘 /Ch05/ 素材 / 制作 Song 音乐播放器软件首页。

本书案例效果文件所在位置：云盘 / 章号 / 效果 / 案例名，如云盘 /Ch05/ 效果 / 制作 Song 音乐播放器软件首页 .psd。

本书中关于颜色设置的表述，如红色（212、74、74），括号中的数字分别为其 R、G、B 的值。

本书全面贯彻党的二十大精神，以社会主义核心价值观为引领，传承中华优秀传统文化，坚定文化自信，使内容更好体现时代性、把握规律性、富于创造性。

本书由王京晶任主编，刘丰源、郑龙伟任副主编。由于作者水平有限，书中难免存在疏漏和不妥之处，敬请广大读者批评指正。

编 者

2023 年 5 月

Photoshop

CONTENTS ——————————— 目录

 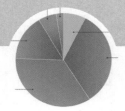  

—01—

第 1 章　初识 UI 设计

—02—

第 2 章　图标设计

Photoshop

—03—

—04—

第3章　App 界面设计

第4章　网页界面设计

CONTENTS ——————— 目 录

—05—

第 5 章 软件界面设计

—06—

第 6 章 游戏界面设计

01

第 1 章

初识 UI 设计

▶ 学习引导

随着互联网市场的逐渐成熟，企业对 UI 设计从业人员综合能力的要求变得更高，因此想要从事 UI 设计行业的人员需要系统地学习与更新自己的知识体系。本章对 UI 设计的行业现状、相关概念、项目流程、风格表现及学习方法进行了系统讲解。通过本章的学习，读者可以对 UI 设计有一个宏观的认识，有助于高效、便利地进行后续的 UI 设计工作。

学习目标

知识目标

- 了解 UI 设计行业的现状
- 掌握 UI 设计的基本概念
- 熟悉 UI 设计项目流程
- 掌握 UI 设计的学习方法

慕课视频

初识 UI
设计

能力目标

- 认识 UI 设计中的常用术语
- 能够以某品牌为例分析设计师在 UI 设计流程中每个环节的任务
- 能够分析 UI 设计不同的风格表现
- 学会通过调研掌握最新的设计趋势

素养目标

- 培养团队合作和协调能力
- 培养以用户为中心的互联网思维
- 培养具有主观能动性的学习能力

1.1 UI 设计的相关概念

UI 设计的相关概念包括 UI 设计的基本概念、UI 与 WUI 和 GUI 的关系及 UI 设计的常用术语和常用软件。

1.1.1 UI 设计的概念

UI 即 User Interface（用户界面）的简称，是指对软件的人机交互、操作逻辑、界面美观的整体设计。优秀的 UI 设计不仅要保证界面的美观，更要保证交互设计（Interaction Design，IxD）的可用性及用户体验（User Experience，UE/UX）的友好度，如图 1-1 所示。

图 1-1　App 界面展示

1.1.2 UI 与 WUI 和 GUI

在设计领域，UI 现在被广泛分为 WUI 和 GUI。WUI 的全称为 Web User Interface，即网页界面。在企业中，WUI 设计师主要从事 PC 端网页设计的工作。GUI 的全称为 Graphical User Interface，即图形用户界面。因为移动端包含大量图形用户界面，因此在企业中，GUI 设计师主要从事移动端 App 的设计工作，如图 1-2 所示。

图 1-2　WUI（左）和 GUI（右）

1.1.3　UI 设计常用术语中英文对照

UI（User Interface）：用户界面。

GUI（Graphics User Interface）：图形用户界面。

HUI（Handset User Interface）：手持设备用户界面。

WUI（Web User Interface）：网页风格用户界面。

IA（Information Architect）：信息架构。

UX/UE（User Experience）：用户体验。

IxD（Interaction Design）：交互设计。

UED（User Experience Design）：用户体验设计。

UCD（User Centered Design）：以用户为中心的设计。

UGD（User Growth Design）：用户增长设计。

UR（User Research）：用户研究。

PM（Product Manager）：产品经理。

1.1.4　UI 设计常用软件

图 1-3 所示为根据软件的专业性、市场的认可度及用户的使用量等因素总结出的常用软件分类。还有一部分专业性和功能都不错的软件，但由于篇幅限制本书不再详细剖析。如果有特别喜爱、崇尚软件技术流的设计师，可以通过网络进行研究。但如果能够掌握以上常用软件，就完全可以胜任 UI 设计方面的工作了。建议初学者先掌握 Photoshop（简称 PS）和 Illustrator（简称 AI），有条件的话还要掌握 Sketch。

图 1-3　UI 设计常用软件分类

1.2　UI 设计项目流程

无论是从零开始打造一个产品，还是对产品进行迭代更新，一定要由有不同技能的角色分工合作。想要保证以最高效的方式做出具备市场竞争力的产品，就一定需要规范的设计流程。

1.2.1　项目设计流程

针对整个产品的设计流程而言，UI设计仅是其中的一部分。一个产品从启动到上线，会经历多个环节，由多个角色共同协作完成。每个角色基本都会有对应的一个或多个环节，如图1-4所示。

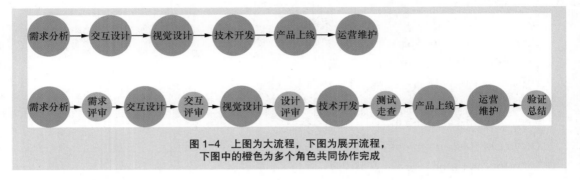

图1-4　上图为大流程，下图为展开流程，
下图中的橙色为多个角色共同协作完成

1.2.2　UI设计流程

UI设计师（User Interface Designer，UID），是公司中专门负责界面设计的职位。其负责的具体内容包括界面设计、切图标注、动效制作等，主要交接文件是设计稿件与切图标注。随着UI设计的不断发展，UI设计师的工作已不局限于原先单纯的视觉执行层面，而是参与到了更多的产品设计环节中。由于职位对应的工作内容日趋多元化，UI工作环节甚至可以分出更为细致的工作流程，如图1-5所示。

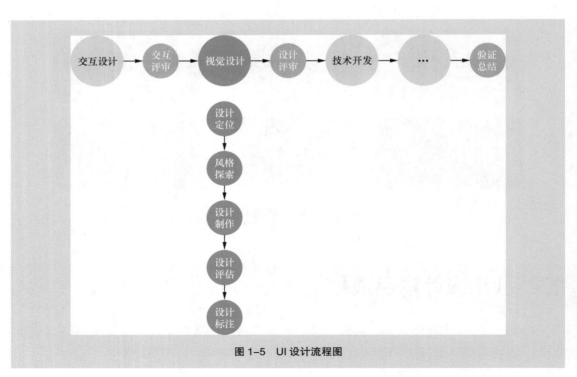

图1-5　UI设计流程图

1.3 UI 设计的风格表现

UI 设计的风格在 2017 年由拟物化为主转化到了以扁平化为主，因此 UI 设计的风格主要可以分为拟物化和扁平化两大类，如图 1-6 所示。

1. 拟物化风格

拟物化风格主要通过高光、纹理、阴影等效果模拟现实物品的造型和质感，将实物在 UI 设计中再现，如图 1-7 所示。

图 1-6　拟物化（左）和扁平化（右）　　　　图 1-7　拟物化图标

优点：

| 识别度高，用户的学习成本低 | 视觉震撼，在屏幕中模拟实物效果往往会带来较强的质感 | 体验良好，可以令用户与真实世界联系 |

缺点：

| 设计费时，需要花费设计师大量的时间 | 功能较弱，过分强调拟物效果，忽视 UI 界面的功能 | 占据内存，拟物化转化为图片会占用大量的加载时间 |

2. 扁平化风格

扁平化风格去除了透视、纹理、渐变等冗余、厚重和繁杂的装饰效果，运用抽象、极简和符号化的设计元素进行表现，如图 1-8 所示。

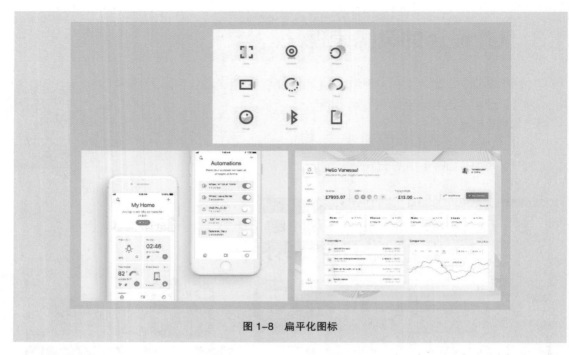

图 1-8　扁平化图标

优点：

| 高效便捷，具备一致性和适应性，因此设计更加便捷 | 信息突出，减少用户认知障碍，产品更加易用 | 简约清晰，比起拟物化的沉重，扁平化的轻量设计使界面焕然一新 |

缺点：

| 缺乏情感，界面传递情感有时会过于冰冷 | 不够直观，用户需要一定的学习成本 | 体验降低，扁平化的带入感较弱 |

1.4　UI 设计的行业发展

国内 UI 设计行业历经了 10 年的发展，相关岗位、能力要求及薪资待遇等各方面都产生了巨大的变化。想要进入 UI 设计行业，要先了解 UI 设计行业的现状及发展趋势。

1.4.1　UI 设计行业现状

随着近 10 年的发展，国内 UI 设计的市场规模不断扩大，UI 设计师的需求也越发庞大，高级 UI 设计的专业人才紧缺。企业需求已经从原先单一地重视视觉美观度提升到了关注产品整体的用户体验。国内的阿里巴巴、腾讯、网易等大型互联网公司，都各自成立了用户体验设计部门，如图 1-9 所示，吸纳了众多 UI 设计类人才。

慕课视频

UI 设计的行业发展

图 1-9　大型互联网公司

1. 地域特征

由于政策引进、网络发展和人才聚集等原因，我国 UI 设计行业有着强烈的地域特征。目前，UI 设计行业发展最为突出的地区依然是北京，其次是上海，深圳与杭州是仅次于北京、上海的热门地区，如图 1-10 所示。

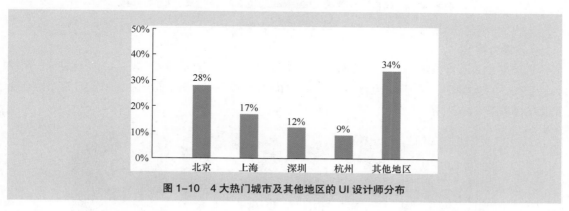

图 1-10　4 大热门城市及其他地区的 UI 设计师分布

2. 行业分布

大部分 UI 设计师都在互联网公司从业，不少传统行业的公司也已经融入了互联网技术，并开始招聘 UI 设计师，向 "互联网 +" 的方向发展，如图 1-11 所示。

3. 岗位细分

得益于 UI 设计行业的加速发展，UI 设计相关的岗位越来越细分化，演变出了不少新的岗位，如图 1-12 所示。

图 1-11　UI 设计行业分布

图 1-12　UI 设计岗位细分

图 1-12 UI 设计岗位细分（续）

4．能力需求

近年来，UI 设计的能力需求早已从基础的视觉规范、界面美观上升到了产品的交互设计、用户体验层面，"全栈设计师"和"全链路设计师"的概念也顺应能力需求而提出。UI 设计师对综合性能力的需求越来越高，如图 1-13 所示。

图 1-13 能力需求（以主流城市"10 000 元 +"UI 设计师为基准）

5．薪酬待遇

以热门城市为基准，UI 设计师月薪在 8 000 元以上的超过 50%，如图 1-14 所示。影响 UI 设计师薪资的因素主要有工作岗位、过往经历、从业年限等。

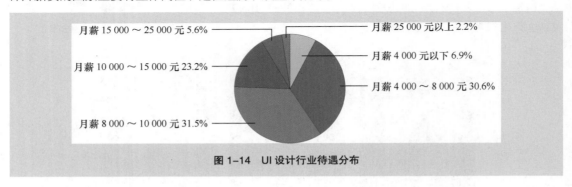

图 1-14 UI 设计行业待遇分布

1.4.2 UI 设计发展趋势

从早期的专注于工具的技法型表现，到现在要求 UI 设计师参与到整个商业链条，兼顾商业目标和用户体验，可以看出国内的 UI 设计行业发展是跨越式的。UI 设计从设计风格、技术实现到应用

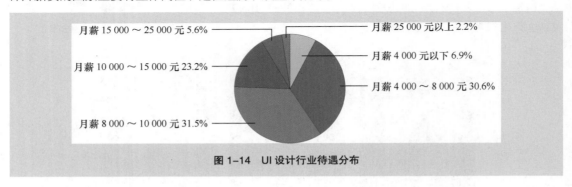

领域都发生了巨大的变化，如图 1-15 所示。

图 1-15　UI 设计发展趋势

1. 技术实现

虚拟现实、增强现实及人工智能等技术的发展，使得 UI 设计更加高效，交互更为丰富。

2. 设计风格

UI 设计的风格经历了由拟物化到扁平化设计的转变，现在扁平化风格依然为主流，但加入了 Material Design 语言（材料设计语言，是由 Google 推出的全新设计语言），使设计更为醒目、细腻。

3. 应用领域

UI 设计的应用领域已由原先的 PC 端和移动端扩展到可穿戴设备、无人驾驶汽车、AI 机器人等，更为广阔。

今后无论技术如何进步，设计风格如何转变，甚至于应用领域如何不同，UI 设计都将参与到产品设计的整个链条中，实现人性化、包容化、多元化的目标。

1.5　UI 设计的学习方法

对于 UI 设计的初学者来讲，首先要明确市场现在到底需要什么样的设计师，这样才能有针对性地学习提升。结合市场需求，我们推荐下列学习方法。

1. 软件学习

软件的运用是 UI 设计的刚需和基础，设计师即使有再好的想法，但不能通过软件制作出来也是徒劳。设计师需要掌握的软件主要有 Photoshop、Illustrator、After Effects、Axure RP 和墨刀，有条件的设计师还可以学习 Sketch 和 Principle，如图 1-16 所示。

图 1-16　UI 设计师需掌握的主流软件

2. 开阔眼界

眼界的开阔至关重要，许多 UI 设计师无法做出美观的界面就是因为没有看过足够多优秀的设计。这里推荐 3 种方法助力设计师开阔眼界。

第 1 种：阅读优秀设计师的文章，吸收优秀设计师的经验。当然，对初学者而言首先要学习规范类的文章，如 iOS 设计规范和 Android 设计规范，二者都可以在网上查到官方的设计指南，如图 1-17 所示。本书也在"3.2 App 界面设计的规范"中对其进行了深入剖析，以帮助设计师理解。

第 2 种：阅读优秀书籍，系统地学习 UI 设计的相关知识及其应用方法。大家可以通过在网上输入关键词查找到所需书籍。通过阅读图书的内容提要和目录了解书籍的内容和特色，并通过购买所需书籍来进行全面的学习。

图 1–17　iOS 设计规范（左）和 Android 设计规范（右）

第 3 种：欣赏优秀作品，建议设计师每天花 1 ～ 2 小时到 UI 中国、站酷（ZCOOL）、追波（Dribbble）等网站中浏览最新的作品，如图 1–18 所示，并加入收藏，形成自己的资料库。

图 1–18　网站推荐

3．临摹学习

眼界开阔后，需要进行相关的设计临摹。首先推崇的是从应用中心下载优秀的 App，截图保存进行临摹；其次可以从优秀案例中获取临摹样本。临摹一定要保证完全一样并且要多临摹。

4．项目实战

经过一定的积累，最好通过一套完整的企业项目来提升 UI 设计能力。从原型图到设计稿再到切图标注，甚至可以制作动效 Demo。一整套项目的实战，会让我们在设计能力上有质的提升。

第 2 章

图标设计

▶ **学习引导**

　　图标设计是 UI 设计中重要的组成部分，可以帮助用户更好地理解产品的功能，是营造产品用户体验的关键一环。本章对图标的基础知识、设计规范、风格类型及绘制方法进行了系统讲解与演练。通过本章的学习，读者可以对图标设计有一个基本的认识，并快速掌握绘制图标的规范和方法。

学习目标目标

知识目标

- 了解图标设计的基础知识
- 掌握图标设计的规范
- 认识图标设计的风格

慕课视频

图标设计

能力目标

- 掌握扁平化风格——单色面性图标的绘制方法
- 掌握扁平化风格——不透明色块面性图标的绘制方法
- 掌握扁平化风格——微渐变面性图标的绘制方法
- 掌握扁平化风格——光影效果图标的绘制方法
- 掌握扁平化风格——折纸投影图标的绘制方法

素养目标

- 培养对信息进行加工处理，并能够合理使用信息的能力
- 培养具有独到见解的创造性思维能力
- 培养能够正确理解他人问题的沟通交流能力

2.1 图标的基础知识

本节介绍 UI 图标设计相关的基础知识，包括图标的概念、图标设计的流程及图标设计的原则。

2.1.1 图标的概念

图标又称为 icon，是具有明确指代含义的计算机图形。从广义上讲，图标是高度浓缩，并能快捷地传达信息且便于记忆的图形符号。图标的应用范围很广，包括软件界面、硬件设备及公共场合等，如图 2-1 所示。从狭义上讲，图标则多应用于计算机软件方面。其中，桌面图标是软件标识，界面中的图标是功能标识，如图 2-2 所示。

慕课视频

图标的基础知识

图 2-1 公共场所图标指示（左）和 Window10 桌面图标（右）

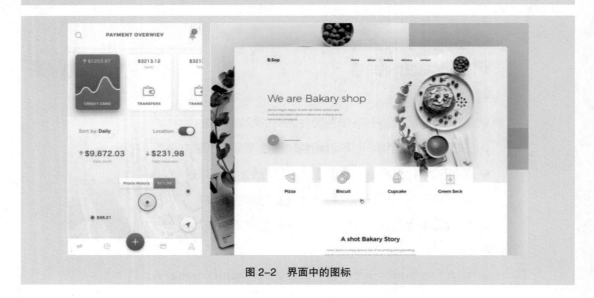

图 2-2 界面中的图标

2.1.2 图标设计的流程

图标设计可以按照分析调研、寻找隐喻、设计图形、建立风格、细节润色、场景测试的流程来进行，如图 2-3 所示。

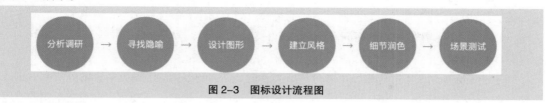

图 2-3　图标设计流程图

1．分析调研

图标设计是根据品牌的调性、产品的功能而进行的，不同场景的图标设计方法也会有所区别。因此，设计图标之前要先分析需求，确定图标的功能，并进行相关竞品的调研，如图 2-4 所示，清楚设计方向。

2．寻找隐喻

隐喻通常表示从一种事物能联想到另一种事物，如谈到歌曲，会联想到乐符，如图 2-5 所示。寻找隐喻是图标设计的常用思路，在明确设计方向后，应根据功能，通过头脑风暴找到相关的物品，进行相关元素的收集。

图 2-4　音乐类竞品　　　　　　　　　　图 2-5　QQ 音乐图标的联想过程

3．设计图形

图形的设计非常考验图标设计师的基本功。通过隐喻收集相关的元素之后，需要设计师绘制一系列草图，提炼设计出成型的图形，如图 2-6 所示，并根据图标的规范在计算机上进行微调。

4．建立风格

目前的图标设计风格还是以拟物化和扁平化两种为主，图 2-7 中的扁平化图标仍为当今的流行趋势。因此，我们要结合前期的分析调研，建立符合需求的风格。

图 2-6　图标设计草图（由美国设计师 Eddie
　　　Lobanovskiy 创作）

图 2-7　两款音乐应用图标 Vinyl Music and Video
Files Manager（左）与 MusicTube（右）不同的设计风格

5．细节润色

细节往往是区别于竞品、建立产品气质的关键。细节润色一般会从颜色、质感甚至造型等方面入手，最终完成体现产品特点的图标设计，如图 2-8 所示。

6．场景测试

为了让图标适用于不同场景及不同分辨率的手机，还需要根据规范调整图标的分辨率，具体的规范会在"2.2　图标的设计规范"中进行深入剖析。在图标上线前，还要将设计稿在不同的应用场景中进行测试，确保图标的可用性和识别度，如图 2-9 所示。

图 2-8　对图标进行质感调整（由印度尼西亚标志　　　　图 2-9　不同应用场景下的图标
　　　　　设计师 YogaPerdana 创作）

2.1.3　图标设计的原则

图标设计要遵循设计准确、视觉统一、简洁美观、愉悦友好 4 大原则。

1．设计准确

图标的设计准确具体表现在表意准确和造型准确两个方面。

表意准确是指在使用时，图标能够快速传达准确的信息，被用户理解而不会造成困惑，如图 2-10 所示。

为了保证图标的造型准确，在绘图软件中，图标的 X 和 Y 坐标应设为整数，而不是小数，并且图标的 W 和 H 尺寸应设为偶数。

2．视觉统一

图标设计需要在基本造型、风格表现、节奏平衡上保持统一。

在基本造型上，需要根据规范对图标各部分设计进行统一，如图 2-11 所示。具体的规范会在"2.2　图标的设计规范"中进行深入剖析。

图 2-10　表意准确的音乐类图标　　　　　　　图 2-11　形体造型统一的图标（左）和形体造型
　　　　　　　　　　　　　　　　　　　　　　　　　　未统一的图标（右）

14

在风格表现上，得益于移动互联网的发展，图标的风格非常多样化。设计师可以根据应用场景和产品情况选择合适的风格。需要注意，在进行多色图标的设计时，用色尽量不要超过 3 种，否则会导致用户视觉混乱，如图 2-12 所示。具体的风格会在"2.3　图标的风格类型"中进行深入剖析。

在节奏平衡上，由于图标造型的丰富，可以根据规范给出的模版达到节奏协调、视觉统一的效果，如图 2-13 所示。具体的规范会在"2.2　图标的设计规范"中进行深入剖析。

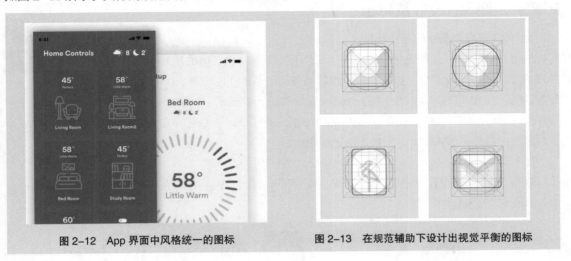

图 2-12　App 界面中风格统一的图标　　　　图 2-13　在规范辅助下设计出视觉平衡的图标

3. 简洁美观

图标的设计应尽量保持图形的简洁，去掉多余的装饰。将简洁的图形精细化设计，形成节奏，如图 2-14 所示。

4. 愉悦友好

赋予图标适度的情感，令用户不仅能快速实现目标，更能体验交互的喜悦。其中，为图标添加交互动效就是一种能快速赋予图标情感的表现手法。如图 2-15 所示，金融 App 界面中的图标被赋予了细腻的动效。

图 2-14　简洁美观的图标

图 2-15　金融 App 界面中图标的交互动效（由波兰设计师 Kamil Bachanek 创作）

2.2 图标的设计规范

图标的设计规范主要是根据 App 中的 iOS 和 Android 两个平台的设计规范而来的。下面从图标的尺寸及单位、图标的视觉统一、图标的清晰度 3 个方面详细讲解图标的设计规范。

2.2.1 图标的尺寸及单位

1．iOS 系统中图标的尺寸及单位

在 iOS 系统中，图标主要分为应用图标和系统图标两种，单位是 px 和 pt。px 即"像素"，是按照像素格计算的单位，也就是移动设备的实际像素。pt 即"点"，是根据内容尺寸计算的单位。使用 Photoshop 软件设计界面的 UI 设计师使用的单位都是 px，使用 Sketch 软件设计界面的 UI 设计师使用的单位都是 pt。iOS 系统的单位，本书也在"3.2.1　iOS 设计规范"中进行了深入剖析，以帮助设计师理解。

（1）应用图标

应用图标是应用程序的图标，如图 2-16 所示。应用图标主要应用于主屏幕、App Store、Spotlight 以及设置中。

图 2-16　iOS 系统中的各类应用图标

应用图标的设计尺寸可以采用 1 024 px，并根据 iOS 官方模版进行规范，如图 2-17 所示。正确的图标设计稿应是直角矩形不带圆角的，iOS 会自动应用一个圆角遮罩将图标的 4 个角遮住。

应用图标会以不同的分辨率出现在主屏幕、App Store、Spotlight 及设置场景中，尺寸也应根据不同设备的分辨率进行适配，如图 2-18 所示。

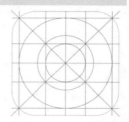

图 2-17　iOS 官方模板

设备名称	应用图标	App Store 图标	Spotlight 图标	设置图标
iPhone X，8+，7+，6s+，6s	180 px×180 px	1 024 px×1 024 px	120 px×120 px	87 px×87 px
iPhone X，8，7，6s，6，SE，5s，5c，5，4s，4	120 px×120 px	1 024 px×1 024 px	80 px×80 px	58 px×58 px
iPhone 1，3G，3GS	57 px×57 px	1 024 px×1 024 px	29 px×29 px	29 px×29 px
iPad Pro 12.9，10.5	167 px×167 px	1 024 px×1 024 px	80 px×80 px	58 px×58 px
iPad Air 1 & 2，mini 2 & 4，3 & 4	152 px×152 px	1 024 px×1 024 px	80 px×80 px	58 px×58 px
iPad 1，2，mini 1	76 px×76 px	1 024 px×1 024 px	40 px×40 px	29 px×29 px

图 2-18　iOS 系统中不同设备应用图标的尺寸

（2）系统图标

系统图标即界面中的功能图标，主要应用于导航栏、工
具栏及标签栏。当未找到符合需求的系统图标时，UI 设计师
可以设计自定义图标，如图 2-19 所示。

iPhone SE /6/6s/7/8/XR 导航栏和工具栏上的图标尺寸
一般是 44 px，标签栏上的图标尺寸一般是 50 px。系统图标
会以不同的分辨率出现在导航栏、工具栏及标签栏场景中，
尺寸也应根据不同设备的分辨率进行适配，如图 2-20 所示。

图 2-19　系统图标（由澳大利亚 Prospa
产品设计负责人 AndrewMcKay 创作）

设备名称	导航栏和工具栏图标尺寸	标签栏图标尺寸	
iPhone 8+，7+，6+，6s+	66 px×66 px	75 px×75 px	最大 144 px×96 px
iPhone 8，7，6s，6，SE	44 px×44 px	50 px×50 px	最大 96 px×64 px
iPad Pro，iPad，iPad mini	44 px×44 px	50 px×50 px	最大 96 px×64 px

图 2-20　iOS 系统中不同设备系统图标的尺寸

2．Android 系统中的图标尺寸及单位

在 Android 系统中，图标主要分为应用图标和系统图标两种，单位是 dp。dp 是安卓设备上的
基本单位，等同于苹果设备上的 pt。Android 开发工程师使用的单位是 dp，所以 UI 设计师进行标
注时应将 px 转化成 dp，公式为 dp = px×160/ppi（ppi 为屏幕像素密度）。本书也在 "3.2.2
Android 设计规范" 中对其进行了深入剖析，以帮助设计师理解。

（1）应用图标

应用图标即产品图标，是品牌和产品的视觉表达，主要出现在主屏幕上，如图 2-21 所示。

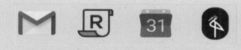

图 2-21　Android 系统中的各类应用图标

创建应用图标时，应以 320 dpi（dpi 表示的是安卓设备每英寸所拥有的像素数量）分辨率中的
48 dp 尺寸为基准。应用图标的尺寸应根据不同设备的分辨率进行适配，如图 2-22 所示。当应用图
标应用于 Google Play 中时，其尺寸是 512 px×512 px。

图标单位	mdpi（160 dpi）	hdpi（240 dpi）	xhdpi（320 dpi）	xxhdpi（480 dpi）	xxxhdpi（640 dpi）
dp	24 dp×24 dp	36 dp×36 dp	48 dp×48 dp	72 dp×72 dp	96 dp×96 dp
px	48 px×48 px	72 px×72 px	96 px×96 px	144 px×144 px	192 px×192 px

图 2-22　Android 系统中不同设备应用图标的尺寸

（2）系统图标

系统图标即界面中的功能图标，通过简洁、现代的图形表达一些常见功能。Material Design 提
供了一套完整的系统图标，如图 2-23 所示，同时设计师也可以根据产品的调性进行自定义设计。

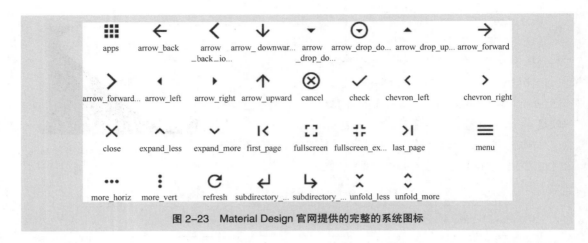

图 2-23　Material Design 官网提供的完整的系统图标

创建系统图标时，以 320 dpi 分辨率中的 24 dp 尺寸为基准。系统图标的尺寸应根据不同设备的分辨率进行适配，如图 2-24 所示。

图标单位	mdpi（160 dpi）	hdpi（240 dpi）	xhdpi（320 dpi）	xxhdpi（480 dpi）	xxxhdpi（640 dpi）
dp	12 dp×12 dp	18 dp×18 dp	24 dp×24 dp	36 dp×36 dp	48 dp×48 dp
px	24 px×24 px	36 px×36 px	48 px×48 px	72 px×72 px	196 px×196 px

图 2-24　Android 系统中不同设备系统图标的尺寸

2.2.2　图标的视觉统一

Material Design 语言提供了 4 种不同的图标形状供 UI 设计师参考，以保持视觉平衡，如图 2-25 所示。

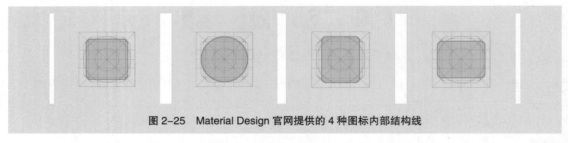

图 2-25　Material Design 官网提供的 4 种图标内部结构线

边角半径默认为 2 dp。内角应该是方形而不要使用圆形，圆角建议使用 2 dp，如图 2-26 所示。

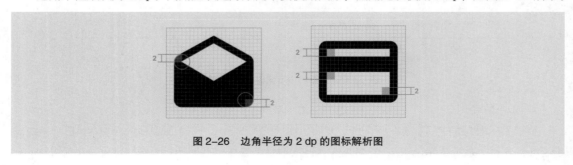

图 2-26　边角半径为 2 dp 的图标解析图

描边：系统图标应使用 2 dp 的描边以保持图标的一致性，如图 2-27 所示。

描边末端：描边末端应该是直线并带有角度，留白区域的描边粗细也应该是 2 dp。描边如果是倾斜 45°，那么末端应该也是倾斜 45° 为结束，如图 2-28 所示。

图 2-27　描边为 2 dp 的图标解析图　　　　图 2-28　描边末端为 2 dp 的图标解析图

视觉校正：如果系统图标需要设计复杂的细节，则可以进行细微的调整以提高其清晰度，如图 2-29 所示。

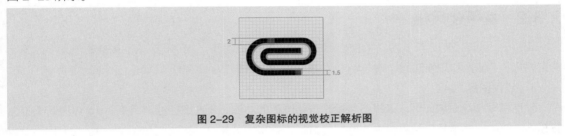

图 2-29　复杂图标的视觉校正解析图

2.2.3　图标的清晰度

设计时为保证图标清晰，需将软件中 X 和 Y 坐标设为整数，而不是小数，将图标"放在像素上"，如图 2-30 所示。

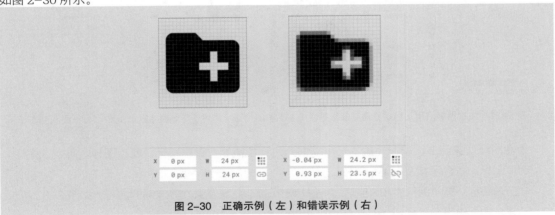

图 2-30　正确示例（左）和错误示例（右）

2.3　图标的风格类型

从风格表现上，图标可以分为像素风格、扁平化风格、拟物化风格、微拟物风格及立体风格。

2.3.1　像素风格

像素风格图标的本质是由多个像素点组成的插图，其本身是位图。在早期的计算机界面、久远的游戏画面中经常使用像素风格图标，因此像素风格图标常会带给用户怀旧、复古的体验，如图 2-31 所示。

图 2-31　游戏中的像素图标

慕课视频

图标的风格
类型

2.3.2　扁平化风格

扁平化风格自 2013 年 iOS 7 的推出而成为设计的主流趋势，扁平化风格的图标也成为界面图标的主导风格。扁平化风格的图标简洁美观、功能突出，可以细分为线性图标、面性图标和线面结合图标。

1.　线性图标

线性图标即通过统一的线条进行绘制，表达图标的功能。线性图标经常用于 App 界面底部的标签栏、导航栏的功能按钮及界面中的分类，如图 2-32 所示。

图 2-32　线性图标应用于移动界面底部标签栏（左）和线性图标应用于导航栏（右）由 Shakuro 团队创作

线性图标形象简洁、设计轻盈，又可以细分为圆角图标、直角图标、断点图标、高光式图标、不透明度图标、双色图标及一笔画图标。

- 圆角图标：圆角图标柔和、亲切，一般用于母婴、儿童及女性等方面的内容，如图 2-33 所示。
- 直角图标：直角图标明快、果断，一般用于金融及工具等方面的内容，如图 2-34 所示。

图 2-33　圆角图标（图片来源于花瓣网）　　　　图 2-34　直角图标（图片来源于花瓣网）

- 断点图标：断点图标有趣、丰富，一般用于表现年轻、可爱等方面的内容，如图 2-35 所示。
- 高光式图标：高光式图标较传统，一般用于银行等方面的内容，如图 2-36 所示。
- 不透明度图标：不透明度图标有层次，适用范围较广，如图 2-37 所示。

图 2-35 断点图标（图片来源于追波网，由中国设计师 Wilbur Xu 创作）

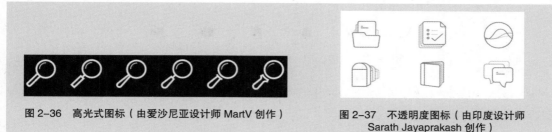

图 2-36 高光式图标（由爱沙尼亚设计师 MartV 创作）

图 2-37 不透明度图标（由印度设计师 Sarath Jayaprakash 创作）

- 双色图标：双色图标由两种不同色彩的线搭配构成，适用于表现可爱、活泼等方面的内容，如图 2-38 所示。
- 一笔画图标：一笔画图标较文艺，同时难度系数比较高，一般用于文化、艺术等方面的内容，如图 2-39 所示。

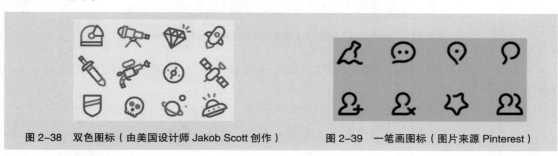

图 2-38 双色图标（由美国设计师 Jakob Scott 创作）

图 2-39 一笔画图标（图片来源 Pinterest）

2．面性图标

面性图标即填充图标，经常用于 App 界面底部的标签栏、图标的选中状态及界面中的金刚区（专指 App 页面 Banner 下方的功能入口导航区域）和界面中的重要分类，如图 2-40 所示。

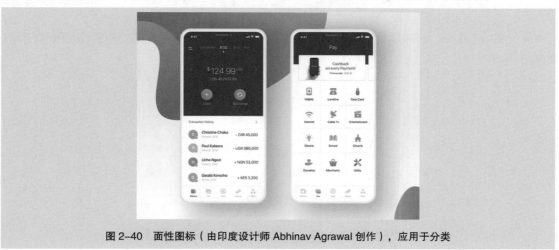

图 2-40 面性图标（由印度设计师 Abhinav Agrawal 创作），应用于分类

面性图标整体饱满、形象突出，又可以细分为单色面性图标、不透明色块面性图标、微渐变面性图标、光影效果图标、折纸投影图标及多色面性图标。

- 单色面性图标：单色面性图标是最基本的面性图标，一般用于 App 界面底部的标签栏及图标的选中状态，如图 2-41 所示。

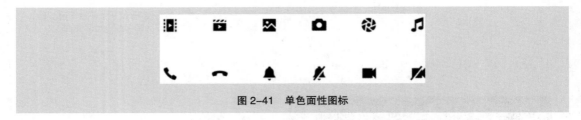

图 2-41　单色面性图标

- 不透明色块面性图标：不透明色块面性图标有层次，一般用于 App 界面中的金刚区，起到运营效果，如图 2-42 所示。

图 2-42　不透明色块面性图标（由多伦多设计师 Dmitri Litvinov 创作）

- 微渐变面性图标：微渐变面性图标有层次感，但不够分明，一般用于 App 界面中的金刚区，起到运营效果，如图 2-43 所示。

图 2-43　微渐变面性图标（图片来源于花瓣网）

- 光影效果图标：光影效果图标带有微拟物效果，一般用于 App 界面中的金刚区，起到运营效果，如图 2-44 所示。

图 2-44　光影效果图标（图片来源与追波网，由中国 Rian 设计师创作）

● 折纸投影图标: 折纸投影图标带有微拟物效果, 一般用于 App 界面中的金刚区, 起到运营效果, 或直接用于工具类图标, 如图 2-45 所示。

图 2-45 折纸投影图标 (图片来源于追波网, 由中国设计师 Anna Zhang 创作)

● 多色面性图标: 多色面性图标酷炫、多彩, 一般用于生活等方面的内容, 如图 2-46 所示。

图 2-46 多色面性图标 (图片来源于追波网, 由设计师超创作)

3. 线面结合图标

线面结合图标是线性图标和面性图标的结合。线面结合图标经常用于趣味性 App 界面中底部的标签栏、界面中的分类或引导页与弹框中, 如图 2-47 所示。

图 2-47 线面结合图标 (图片来源于 Creative Market)

线面结合图标充满活力、形象有趣, 又可以细分为点缀填充、错位填充、全部填充 3 种。

● 点缀填充: 点缀填充图标的填充面积约占图标的 30%, 一般用于 App 界面中的底部标签栏, 如图 2-48 所示。

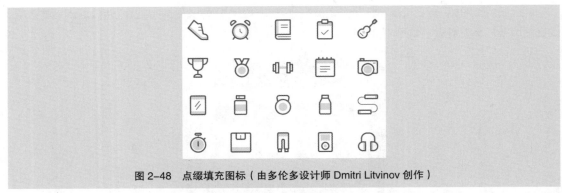

图 2-48　点缀填充图标（由多伦多设计师 Dmitri Litvinov 创作）

- 错位填充：错位填充图标的面与线进行错位，一般用于 App 界面中的底部标签栏，如图 2-49 所示。

图 2-49　错位填充图标（图片来源于追波网，由中国设计师 Vic 创作）

- 全部填充：全部填充图标充实、饱满，一般用于 App 界面中的分类或是引导页与弹框中，如图 2-50 所示。

图 2-50　全部填充图标（由立陶宛产品设计师 Mantas Suktus 创作）

2.3.3　拟物化风格

拟物化风格在 iOS 6 时代达到了流行的巅峰，拟物化风格的图标对于现实的还原度较高，其质感强、识别性高，但在功能表现上却不如扁平化图标直接。拟物化风格的图标常用于工具类、游戏类应用，如图 2-51 所示。

图 2-51　拟物化风格图标（图片来源于 Pinterest）

2.3.4　微拟物风格

微拟物风格图标减轻了拟物化风格的厚重质感，带有基本的投影和阴影效果，介于拟物化和扁平化风格之间。微拟物风格图标常用于工具类应用，如图 2-52 所示。

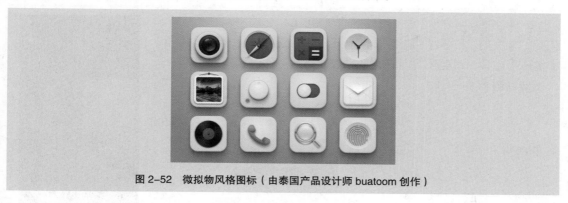

图 2-52　微拟物风格图标（由泰国产品设计师 buatoom 创作）

2.3.5　立体风格

立体风格图标有别于传统的平面图标，其具备强烈的体积感和空间感。活动专题页、引导页、空状态经常使用立体风格的图标，如图 2-53 所示。

图 2-53　立体风格图标［由美国设计师 Masami Kubo 创作，图片来源于追波网（左）；由 NimashaPerera 创作（右）］

立体风格的图标视觉突出、层次分明，可以细分为 3D 图标和 2.5D 图标。

- 3D 图标：3D 图标真实、细致，一般用于游戏及工具等方面的内容，如图 2-54 所示。
- 2.5D 图标：2.5D 图标现代、耐看，一般用于表现现代、有趣及文艺等方面的内容，如图 2-55 所示。

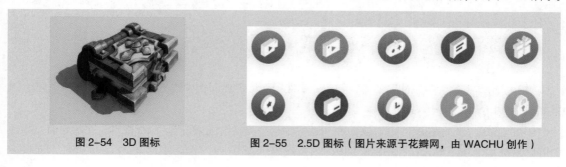

图 2-54　3D 图标　　　　图 2-55　2.5D 图标（图片来源于花瓣网，由 WACHU 创作）

【案例学习目标】学习使用不同的图形工具绘制图标。

【案例知识要点】使用"圆角矩形"工具绘制床体，使用"圆角矩形"工具、"矩形"工具和"减去顶层形状"命令绘制其他部分，效果如图 2-56 所示。

【案例环境展示】实际应用中案例展示效果如图 2-57 所示。

【效果所在位置】云盘 /Ch02/ 效果 / 绘制扁平化风格 – 单色面性图标 .psd。

扫码观看
本案例视频

图 2-56

图 2-57

（1）按 Ctrl+N 组合键，弹出"新建文档"对话框，将宽度设为 512 像素，高度设为 512 像素，分辨率设为 72 像素 / 英寸，背景内容设为白色，如图 2-58 所示。单击"创建"按钮，完成文档的新建。

（2）选择"圆角矩形"工具 ◯.，在属性栏的"选择工具模式"选项中选择"形状"，将"填充"颜色设为灰色（158、158、158），"半径"选项设置为 15 像素。在图像窗口中适当的位置绘制圆角矩形，如图 2-59 所示，在"图层"面板中生成新的形状图层"圆角矩形 1"。

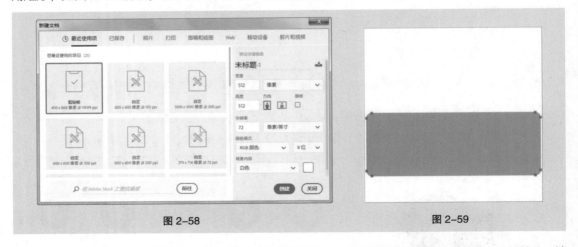

图 2-58

图 2-59

（3）选择"窗口 > 属性"命令，弹出"属性"面板，在面板中进行设置，如图 2-60 所示，效果如图 2-61 所示。

（4）选择"圆角矩形"工具 ◯.，在属性栏中将"半径"选项设置为 40 像素，在图像窗口中适当的位置绘制圆角矩形，在"图层"面板中生成新的形状图层"圆角矩形 2"。在"属性"面板中进行其他设置，如图 2-62 所示，效果如图 2-63 所示。

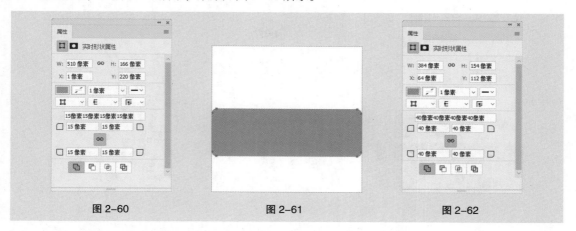

图 2-60　　　　　　　　　图 2-61　　　　　　　　　图 2-62

（5）选择"矩形"工具 □，按住 Alt 键的同时，在图像窗口中适当的位置绘制矩形，如图 2-64 所示。在"属性"面板中进行设置，如图 2-65 所示，效果如图 2-66 所示。

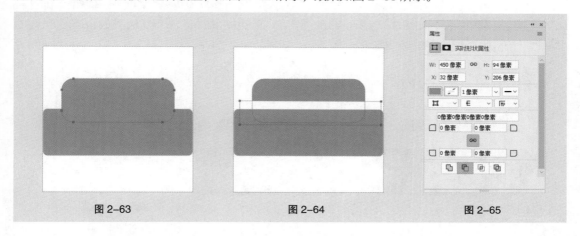

图 2-63　　　　　　　　　图 2-64　　　　　　　　　图 2-65

（6）选择"圆角矩形"工具 □，在属性栏中将"半径"选项设置为 24 像素。按住 Alt 键的同时，在图像窗口中适当的位置绘制圆角矩形，效果如图 2-67 所示。在"属性"面板中进行其他设置，如图 2-68 所示，效果如图 2-69 所示。

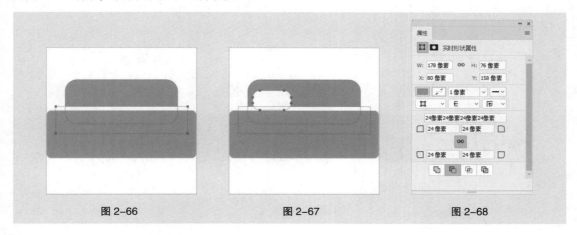

图 2-66　　　　　　　　　图 2-67　　　　　　　　　图 2-68

（7）选择"路径选择"工具 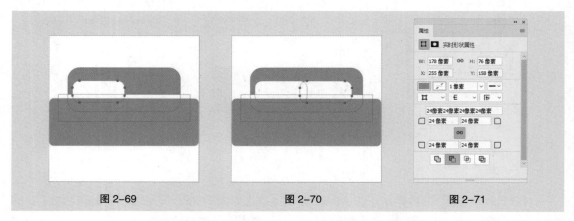，按住 Alt+Shift 组合键的同时，选中圆角矩形，在图像窗口中将其向右拖曳，进行复制，如图 2-70 所示。在"属性"面板中进行设置，如图 2-71 所示，效果如图 2-72 所示。

图 2-69　　　　　　　　　　图 2-70　　　　　　　　　　图 2-71

（8）选择"圆角矩形"工具 ▢，在属性栏中将"半径"选项设置为 25 像素，在图像窗口中适当的位置绘制圆角矩形，如图 2-73 所示，在"图层"面板中生成新的形状图层"圆角矩形 3"。在"属性"面板中进行其他设置，如图 2-74 所示，效果如图 2-75 所示。

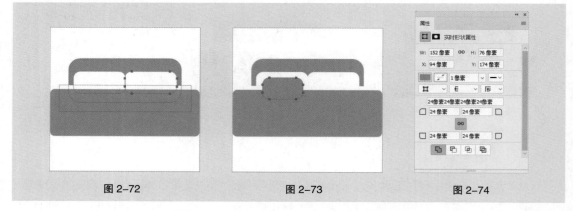

图 2-72　　　　　　　　　　图 2-73　　　　　　　　　　图 2-74

（9）选择"矩形"工具 ▢，按住 Alt 键的同时，在图像窗口中适当的位置绘制矩形，效果如图 2-76 所示。在"属性"面板中进行设置，如图 2-77 所示，效果如图 2-78 所示。

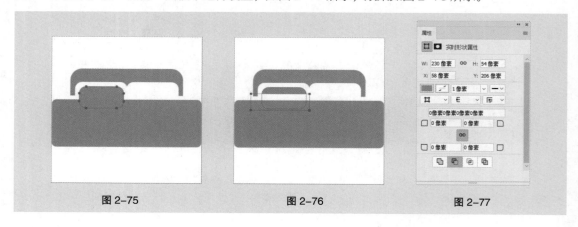

图 2-75　　　　　　　　　　图 2-76　　　　　　　　　　图 2-77

（10）将"圆角矩形3"图层拖曳到"图层"面板下方的"创建新图层"按钮 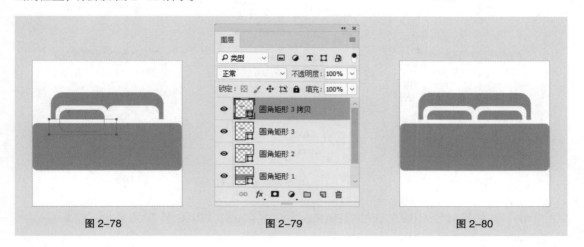 上进行复制，生成新的图层"圆角矩形3拷贝"，如图2-79所示。选择"移动"工具 ↔，拖曳复制的图形到适当的位置，效果如图2-80所示。

图2-78　　　　　　　　　图2-79　　　　　　　　　图2-80

（11）选择"圆角矩形"工具 ▢，在属性栏中将"半径"选项设置为6像素，在图像窗口中适当的位置绘制圆角矩形，效果如图2-81所示，在"图层"面板中生成新的形状图层"圆角矩形4"。在"属性"面板中进行其他设置，如图2-82所示，效果如图2-83所示。

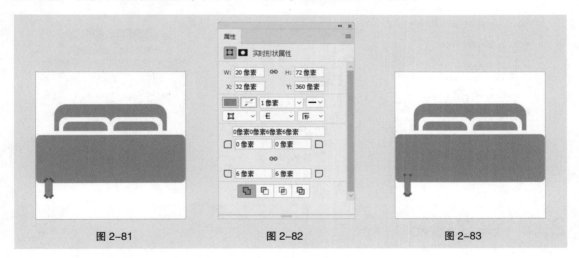

图2-81　　　　　　　　　图2-82　　　　　　　　　图2-83

（12）按Ctrl+T组合键，在图形周围出现变换框，将指针放在变换框的控制手柄右下角，指针变为旋转图标 ↲。按住Shift键的同时，拖曳鼠标将图形旋转到15°，按Enter键确认操作，效果如图2-84所示。

（13）将"圆角矩形4"图层拖曳到"图层"面板下方的"创建新图层"按钮 上进行复制，生成新的图层"圆角矩形4拷贝"，如图2-85所示。选择"移动"工具 ↔，拖曳复制的图形到适当的位置。选择"编辑 > 变换 > 水平翻转"命令，效果如图2-86所示。

（14）在"图层"面板中，单击"圆角矩形1"图层，将其拖曳到"圆角矩形4"图层的下方，调整图层顺序，如图2-87所示。单击"圆角矩形4拷贝"图层，按住Shift键的同时，单击"圆角矩形 2"图层，将需要的图层同时选取，按 Ctrl+E 组合键合并图层，如图 2-88 所示。

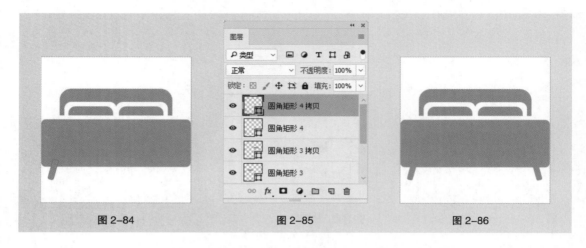

图 2-84　　　　　　　　　　　　图 2-85　　　　　　　　　　　　图 2-86

（15）单击"背景"图层左侧的眼睛图标👁，将图层隐藏，效果如图 2-89 所示，扁平化风格 – 单色面性图标制作完成。

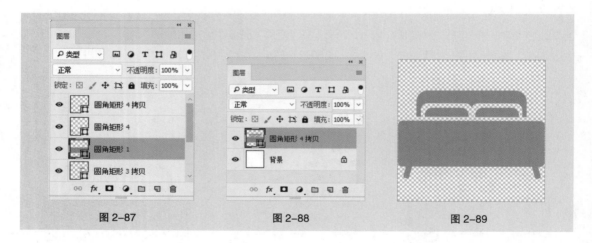

图 2-87　　　　　　　　　　　　图 2-88　　　　　　　　　　　　图 2-89

2.5　课堂练习

2.5.1　课堂练习——绘制扁平化风格 – 不透明色块面性图标

【案例学习目标】学习使用不同的图形工具绘制图标。

【案例知识要点】使用"椭圆"工具绘制灯泡主体，使用"圆角矩形"工具和"多边形"工具绘制其他部分，效果如图 2-90 所示。

【案例环境展示】实际应用中案例展示效果如图 2-91 所示。

【效果所在位置】云盘 /Ch02/ 效果 / 绘制扁平化风格 – 不透明色块面性图标 .psd。

扫码观看
本案例视频

图 2-90   图 2-91

2.5.2 课堂练习——绘制扁平化风格 – 微渐变面性图标

【案例学习目标】学习使用不同的图形工具绘制图标。

【案例知识要点】使用"渐变叠加"命令绘制背景，使用"多边形"工具、"圆角矩形"工具、"矩形"工具、"椭圆"工具和"合并形状"命令、"减去顶层形状"命令绘制其他部分。使用"添加图层蒙版"命令和"画笔"工具擦除不需要的部分。效果如图 2-92 所示。

【案例环境展示】实际应用中案例展示效果如图 2-93 所示。

【效果所在位置】云盘 /Ch02/ 效果 / 绘制扁平化风格 – 微渐变面性图标 .psd。

扫码观看
本案例视频

图 2-92   图 2-93

2.6 课后习题

2.6.1 课后习题——绘制扁平化风格 – 光影效果图标

【案例学习目标】学习使用不同的图形工具绘制图标。

【案例知识要点】使用"渐变叠加"命令绘制背景，使用"圆角矩形"工具、"矩形"工具、"椭圆"工具、"合并形状"命令、"减去顶层形状"命令绘制其他部分。使用"剪切蒙版"命令置入渐变效果，如图 2-94 所示。

【案例环境展示】实际应用中案例展示效果如图 2-95 所示。

【效果所在位置】云盘 /Ch02/ 效果 / 绘制扁平化风格 – 光影效果图标 .psd。

图 2-94

图 2-95

2.6.2 课后习题——绘制扁平化风格 – 折纸投影图标

【案例学习目标】学习使用不同的图形工具绘制图标。

【案例知识要点】使用"渐变叠加"命令绘制背景，使用"圆角矩形"工具、"矩形"工具、"椭圆"工具和"减去顶层形状"命令绘制其他部分，使用"剪切蒙版"命令置入渐变效果。效果如图 2-96 所示。

【案例环境展示】实际应用中案例展示效果如图 2-97 所示。

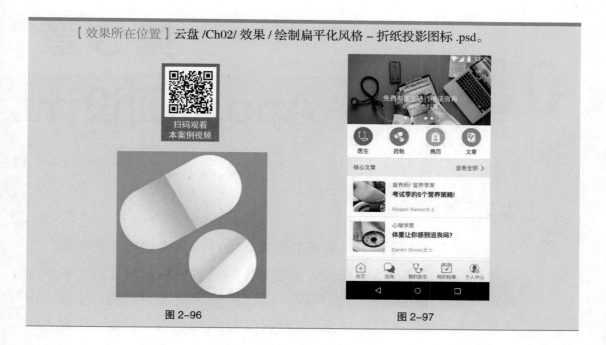

【效果所在位置】云盘 /Ch02/ 效果 / 绘制扁平化风格 – 折纸投影图标 .psd。

扫码观看
本案例视频

图 2-96

图 2-97

第 3 章

App 界面设计

▶ 学习引导

　　界面是 UI 设计中最重要的部分，是最终呈现给用户的结果，因此界面设计是涉及版面布局、颜色搭配等内容的综合性工作。本章对 App 界面的基础知识、设计规范、常用类型及绘制方法进行了系统讲解与演练。通过本章的学习，读者可以对 App 界面设计有一个基本的认识，并快速掌握绘制 App 常用界面的规范和方法。

学习目标

知识目标

- 了解 App 的基础知识
- 掌握 App 界面的设计规范
- 认识 App 常用界面类型

慕课视频

App 界面设计

能力目标

- 掌握社交类 App 闪屏页的绘制方法
- 掌握社交类 App 欢迎页的绘制方法
- 掌握社交类 App 首页的绘制方法
- 掌握社交类 App 消息列表页的绘制方法
- 掌握社交类 App 聊天页的绘制方法
- 掌握社交类 App 个人中心页的绘制方法

素养目标

- 培养团队合作和协调能力
- 培养善于思考勤于练习的业务能力
- 培养主动学习善于沟通的思辨能力

3.1 App 的基础知识

本节介绍 App 相关的基础知识，包括 App 的概念、App 设计的流程及 App 设计的原则。

3.1.1 App 的概念

App 是应用程序 Application 的缩写，一般指智能手机的第三方应用程序，如图 3-1 所示。用户主要从应用商店下载 App，比较常用的应用商店有苹果的 App Store、华为应用市场等。应用程序的运行与系统密不可分，目前市场上主要的智能手机操作系统有苹果公司的 iOS 和谷歌公司的 Android 系统。对于 UI 设计师而言，要进行移动界面设计工作，需要分别学习两大系统的界面设计知识。

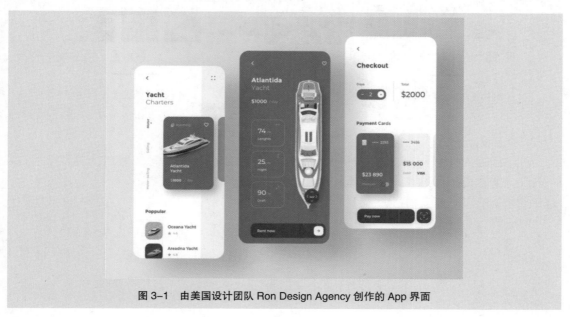

图 3-1 由美国设计团队 Ron Design Agency 创作的 App 界面

3.1.2 App 设计的流程

App 设计可以按照分析调研、交互设计、交互自查、界面设计、界面测试、设计验证的步骤来进行，如图 3-2 所示。

图 3-2 App 设计的流程图

1. 分析调研

App 的设计是根据品牌的调性、产品的定位来进行的，不同应用领域的 App，设计风格也会有所区别。因此，我们在设计之前应该先分析需求，了解用户特征，再进行相关竞品的调研，明确设计方向，如图 3-3 所示。

图 3-3　QQ 音乐（左）、网易云音乐（中）、虾米音乐（右），这 3 款虽然同是音乐 App，但产品定位不同，因此设计风格也有所区别

2. 交互设计

交互设计是对整个 App 设计进行初步构思和流程制定的环节。一般需要进行纸面原型设计、架构设计、流程图设计、线框图设计等具体工作，如图 3-4 所示。

图 3-4　乌克兰 UI/UX 设计师塔蒂安娜·拉扎连科创作的 App 交互设计

3．交互自查

交互设计完成之后，进行交互自查是整个 App 设计流程中非常重要的一个阶段。可以在执行界面设计之前检查出是否有遗漏缺失的细节问题，如图 3-5 所示。

交互自查表		
层次	**角度**	**自查点**
信息架构与流程	信息架构	信息架构是否容易理解
		信息层级是否清晰
		信息分类是否合理
		信息视觉流是否流畅
	流程设计	用户体验路径是否一致
		返回和出口是否符合用户预期
		逆向流程的设计是否考虑周全
		跳转名称与目的是否一致
		是否充分考虑了操作的容错性
界面呈现	控件呈现	控件是否符合用户认知
		控件样式是否具有一致性
		控件交互行为是否具有一致性
		控件的不可用状态如何呈现
	数据呈现	空态如何呈现
		字数有限制时超限如何处理
		无法完整显示的数据如何处理
		数据过期如何提示用户
		数据按什么规则排序
		数值是否要按特定的格式显示
		数据是否存在极值
	文案呈现	句式是否一致
		用词是否一致、准确
		文案是否有温度感
	输入与选择	是否为用户提供了默认值
		输入过程中是否提供提示和判断
		是否存在不必要的输入
		是否指定了键盘类型和键盘引起的页面滚动
交互过程与反馈		是否周全地考虑了所有操作成功的反馈
		是否周全地考虑了所有操作失败的反馈
		操作过程中是否允许取消
		是否设计了必要且合理的动效
	特殊情形	角色权限与状态不同会造成哪些差异
		是否提供特殊模式

图 3-5　交互自查表

4．界面设计

原型图审查通过之后，就可以进入界面的视觉设计阶段了，这个阶段的设计图就是产品最终呈现给用户的界面。界面设计要求设计规范，图片、文字内容真实，并运用墨刀、Principle 等软件制作成可交互的高保真原型，以便后续的界面测试，如图 3-6 所示。

5．界面测试

界面测试阶段是让具有代表性的用户进行典型操作，设计人员和开发人员在此阶段共同观察、记录。在测试中可以对设计的细节进行相关的调整，如图 3-7 所示。

图 3-6　由乌克兰设计师 StasAristov、AlyaPrigotska、Thanh Do 联合创作的 App 界面

6. 设计验证

设计验证是最后一个阶段，是对 App 进行优化的重要支撑。在产品正式上线后，通过用户的数据反馈进行记录，验证前期的设计，并继续优化，如图 3-8 所示。

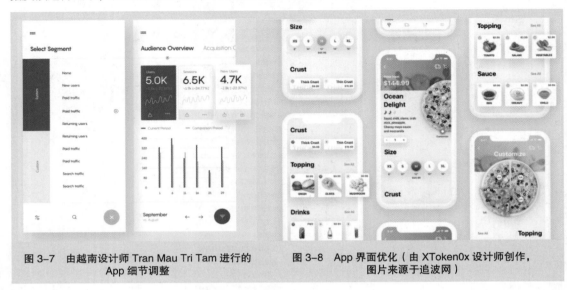

图 3-7　由越南设计师 Tran Mau Tri Tam 进行的 App 细节调整

图 3-8　App 界面优化（由 XToken0x 设计师创作，图片来源于追波网）

3.1.3　App 界面设计的原则

在进行 App 设计时，需要遵循 iOS 和 Android 系统的规范，因此可以根据 iOS 下的设计原则及 Android 系统下 Material Design 语言中的设计原则进行设计。

1. iOS 下的设计原则

iOS 系统设计有清晰、遵从、深度 3 大原则。

（1）清晰

在整个系统中，文字在各种尺寸上都要清晰易读，图标精确而清晰，装饰精巧且恰当，令用户更易理解功能。利用负空间、颜色、字体、图形等界面元素巧妙地突出重要内容，并传达交互性，如图 3-9 所示。

（2）遵从

流畅的动画和清晰美观的界面可以帮助用户理解内容并与之互动，同时不干扰到用户的使用。内容一般填满整个屏幕，而半透明和模糊效果通常暗示有更多内容。最低限度地使用边框、渐变和阴影可使界面轻盈，同时确保内容明显，如图 3-10 所示。

（3）深度

独特的视觉层级和真实的动画效果

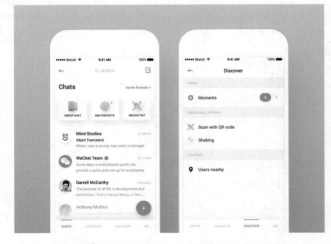

图 3-9　以色列设计师 Vlad Tyzun 创作的 App 界面，各元素通过精心设计后，巧妙地突出重要内容

能够传达层次结构，赋予界面活力，并促进用户理解。让用户通过触摸和探索发现程序的功能，不仅会使用户提高乐趣，更加方便用户了解功能，还会使用户关注到额外的内容。在浏览内容时，层级的过渡可提供深度感，如图 3-11 所示。

图 3-10　印度设计师 Abhisek Das 创作的 App 界面。其中，位于左侧 App 界面中橙色渐变银行卡旁边的卡采用了半透明效果，暗示用户可以进行滑动查看更多内容。两个 App 界面的渐变、边框及阴影都不是很明显，使界面非常轻盈

图 3-11　乌克兰设计公司 Cadabra Studio 创作的 App 界面

2．Material Design 语言中的设计原则

Material Design 语言有材质隐喻、大胆夸张、动效表意、灵活和跨平台五大设计原则。

（1）材质隐喻

Material Design 的灵感来自物理世界及其纹理，包括它们如何反射光线和投射阴影。它对材料表面进行了重新构想，加入了纸张和墨水的特性，如图 3-12 所示。

（2）大胆夸张

Material Design 以印刷设计方法中的排版、网格、空间、比例、颜色和图像为指导，来创造视觉层次、视觉意义及视觉焦点，使用户沉浸其中，如图 3-13 所示。

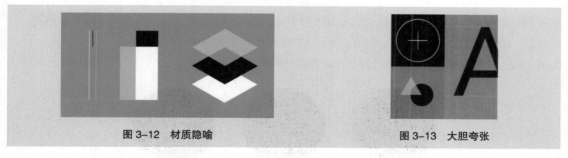

图 3-12　材质隐喻

图 3-13　大胆夸张

（3）动效表意

Material Design 通过微妙的反馈和平滑的过渡使动效保持连续性。当元素出现在屏幕上时，它们在环境中转换和重组，相互作用并产生新的变化，如图 3-14 所示。

（4）灵活

Material Design 系统旨在实现品牌表达。它与自定义代码库集成，允许无缝实现组件、插件和

设计元素，如图 3-15 所示。

（5）跨平台

Material Design 使用包括 Android、iOS、Flutter 和 Web 在内的共享组件跨平台管理，如图 3-16 所示。

图 3-14　动效表意　　　　　图 3-15　灵活　　　　　图 3-16　跨平台

3.2　App 界面设计的规范

App 界面设计的规范分为 iOS 设计规范和 Android 设计规范两部分。

3.2.1　iOS 设计规范

iOS 的基础设计规范包括单位及尺寸、界面结构、布局、字体 4 个方面。

1. iOS 设计单位及尺寸

（1）相关单位

● PPI：像素密度（Pixels Per Inch，PPI）是屏幕分辨率单位，表示每英寸所拥有的像素数量，如图 3-17 所示。像素密度越大，画面越细腻。因此，iPhone 4 与 iPhone 3GS 屏幕尺寸虽然相同，但实际像素大了一倍，清晰度自然更高。

● Asset：比例因子。标准分辨率显示器具有 1:1 的像素密度，用 @1x 表示，其中一个像素等于一个点。高分辨率显示器具有更高的像素密度，比例因子为 2.0 或 3.0，分别用 @2x 和 @3x 表示，如图 3-18 所示。因此，高分辨率显示器需要具有更多像素的图像。

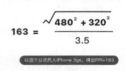

图 3-17　PPI 的计算公式（X、Y 分别为横向、纵向的像素数）

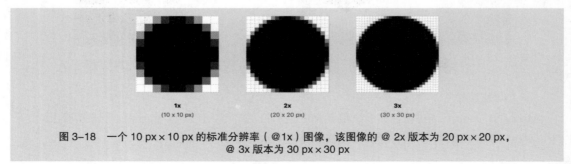

图 3-18　一个 10 px×10 px 的标准分辨率（@1x）图像，该图像的 @ 2x 版本为 20 px×20 px，@ 3x 版本为 30 px×30 px

● 逻辑像素和物理像素：逻辑像素（Logic Point）的单位为"点"（points，pt），是根据内容尺寸计算的单位。iOS 开发工程师和使用 Sketch 软件设计界面的 UI 设计师使用的单位都是 pt。物理像素（Physical Pixel）的单位为"像素"（pixels，px），是按照像素格计算的单位，也就是移动设备的实际像素。使用 Photoshop 软件设计界面的 UI 设计师使用的单位都是 px。

例如，iPhone X/XS 的逻辑像素是 375 pt×812 pt，由于视网膜屏像素密度的增加，即 1 pt=3 px，因此 iPhone X/XS 的物理像素是 1 125 px×2 436 px，如图 3-19 所示。

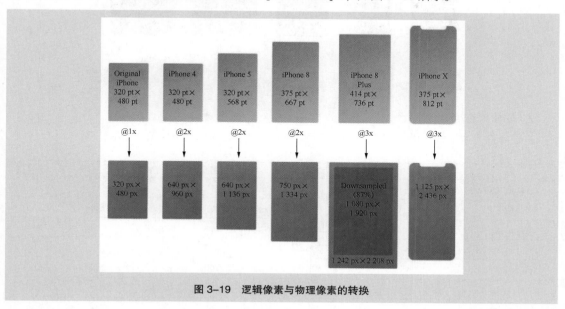

图 3-19　逻辑像素与物理像素的转换

（2）设计尺寸

iOS 常见的设备尺寸如图 3-20 和图 3-21 所示。在进行界面设计时，为了一稿适配多种尺寸，都是以 iPhone 6/6s/7/8 为基准的。如果使用 Photoshop 就创建 750 px×1 334 px 尺寸的画布，如果使用 Sketch 就建立 375 pt×667 pt 尺寸的画布。

设备名称	屏幕尺寸	PPI	Asset	竖屏点	竖屏分辨率
iPhone XS MAX	6.5 in	458	@3x	414 pt×896 pt	1 242 px×2 688px
iPhone XS	5.8 in	458	@3x	375 pt×812 pt	1 125 px×2 436px
iPhone XR	6.1 in	326	@2x	414 pt×896 pt	828 px×1 792px
iPhone X	5.8 in	458	@3x	375 pt×812 pt	1 125 px×2 436px
iPhone 8+，7+，6s+，6+	5.5 in	401	@3x	414 pt×736 pt	1 242 px×2 208px
iPhone 8, 7, 6s, 6	4.7 in	326	@2x	375 pt×667 pt	750 px×1 334px
iPhone SE, 5, 5S, 5C	4.0 in	326	@2x	320 pt×568 pt	640 px×1 136px
iPhone 4, 4S	3.5 in	326	@2x	320 pt×480 pt	640 px×960px
iPhone 1, 3G, 3GS	3.5 in	163	@1x	320 pt×480 pt	320 px×480px
iPad Pro 12.9	12.9 in	264	@2x	1 024 pt×1 366 pt	2 048 px×2 732px
iPad Pro 10.5	10.5 in	264	@2x	834 pt×1 112 pt	1 668 px×2 224px
iPad Pro, iPad Air 2, Retina iPad	9.7 in	264	@2x	738 pt×1 024 pt	1 536 px×2 048px
iPad mini 4, iPad mini 2	7.9 in	326	@2x	768 pt×1 024 pt	1 536 px×2 048px
iPad 1, 2	9.7 in	132	@1x	768 pt×1 024 pt	7 68 px×1 024px

图 3-20　iOS 常见设备的尺寸

图 3-21　iOS 设计标准尺寸

2. iOS 界面结构

iOS 界面主要由状态栏、导航栏、标签栏组成，其结构如图 3-22 和图 3-23 所示。

设备	尺寸	像素密度	状态栏高度	导航栏高度	标签栏高度
iPhone XS Max	1 242px × 2 688px	458PPI			
iPhone X	1 125px × 2 436px	458PPI	88px	176px	
iPhone 6P、6SP、7P、8P	1 242px × 2 208px	401PPI	60px	132px	146px
iPhone 6、6S、7	750px × 1 334px	326PPI	40px	88px	98px
iPhone 5、5C、5S	640px × 1 136px	326PPI	40px	88px	98px
iPhone 4、4S	640px × 960px	326PPI	40px	88px	98px
iPhone & iPod Touch 第一代、第二代、第三代	320px × 480px	163PPI	20px	40px	49px

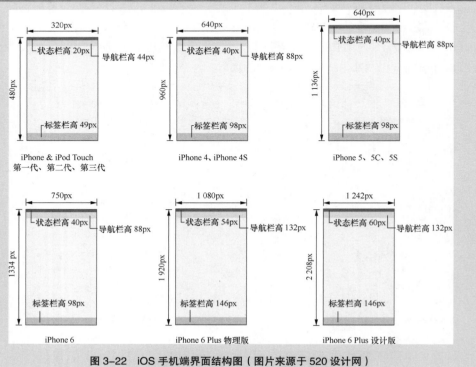

图 3-22　iOS 手机端界面结构图（图片来源于 520 设计网）

设备	尺寸	像素密度	状态栏高度	导航栏高度	标签栏高度
iPad 3、4、5、6、Air、Air 2、mini 2	2 048px×1 536px	264PPI	40px	88px	98px
iPad 第一代、第二代	1 024px×768px	132PPI	20px	44px	49px
iPad mini	1 024px×768px	163PPI	20px	44px	49px

图 3-23　iOS iPad 界面结构图（图片来源于 520 设计网）

3．iOS 布局

（1）网格系统

网格系统（Grid Systems）又称为栅格系统，是利用一系列垂直和水平的参考线，将页面分割成若干个有规律的列或格子，再以这些格子为基准，进行页面布局设计的方式，能使布局规范、简洁、有秩序，如图 3-24 所示。

（2）组成元素

网格系统由列、水槽及边距 3 个元素组成，如图 3-25 所示。列是内容放置的区域。水槽是列与列之间的距离，有助于分离内容。边距是内容与屏幕左右边缘之间的距离。

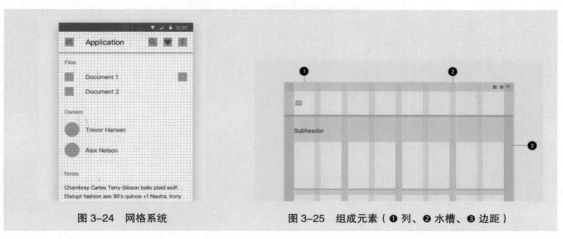

图 3-24　网格系统　　　　　图 3-25　组成元素（❶ 列、❷ 水槽、❸ 边距）

（3）网格的运用

- 单元格：iOS 的最小点击区域是 44 pt，即 88 px（@2x）。因此，在适用性方面，能被整除的偶数 4 和 8 作为 iOS 的最小单元格比较合适。其中，4 px 容易将页面切割细碎，所以比较推荐使用 8 px，如图 3-26 所示。

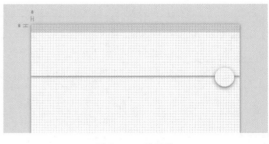

图 3-26　单元格

- 列：列的数量有 4、6、8、10、12、24 这几种情况。其中，4 列通常在 2 等分的简洁页面时使用，6、12 和 24 列基本满足所有等分情况，但 24 列会将页面切割得太碎，如图 3-27 所示，因此实际使用时还是以 12 列和 6 列为主。

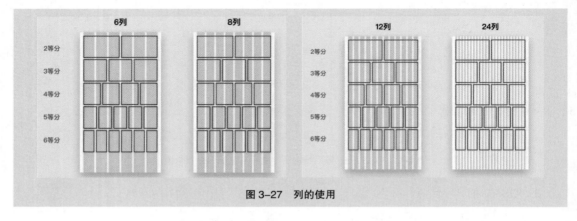

图 3-27　列的使用

- 水槽：水槽、边距及横向间距的宽度可以依照最小单元格 8 px 为增量进行统一设置，如 24、32、40。其中 32 px（16 pt@2x）最为常用，如图 3-28 所示。

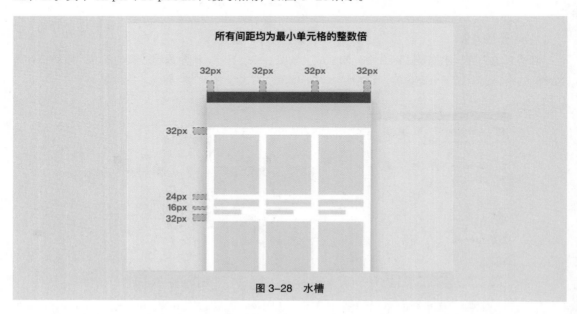

图 3-28　水槽

- 边距：边距的宽度也可以与水槽有所区别。在 iOS 中以 @2x 为基准，常见的边距有 20 px、24 px、30 px、32 px、40 px 及 50 px。边距的选择应结合产品本身的气质，其中 30 px 是最为舒适的边距，也是绝大多数 App 首选的边距，如图 3-29 所示。

图 3-29　iOS 中的"设置""通用"页面都采用了 30 px 的边距

4．iOS 字体

（1）系统字体

iOS 英文使用的是 San Francisco（SF）字体，其中 SF 字体有 SF UI Text（文本模式）和 SF UI Display（展示模式）两种尺寸。SF UI Text 适用于小于等于 19 pt 的文字，SF UI Display 适用于大于等于 20 pt 的文字。中文使用的是苹方字体，共有 6 个字重，如图 3-30 所示。

极细纤细细体正常中黑中粗
UlLiThinLightRegMedSmBd

图 3-30　iOS 系统字体

（2）字号大小

iOS 设计时要注意字号的大小，如图 3-31 和图 3-32 所示。苹果官网的建议全部是针对英文 SF 字体而言的，中文字体需要 UI 设计师灵活运用，以最终呈现效果的实用性和美观度为基准进行调整。其中，10 pt（@2x 为 20 px）是手机上显示的最小字体，一般位于标签栏的图标底部。为了区分标题和正文，字体大小差异至少保持在 4 px（2 pt@2x），正文的合适行间距为 1.5 ~ 2 倍。

位置	字族	逻辑像素	实际像素	行距	字间距
大标题	Regular	34pt	68px	41	+11
标题一	Regular	28pt	56px	34	+13
标题二	Regular	22pt	44px	28	+16
标题三	Regular	20pt	40px	25	+19
头条	Semi-Bold	17pt	34px	22	-24
正文	Regular	17pt	34px	22	-24
标注	Regular	16pt	32px	21	-20
副标题	Regular	15pt	30px	20	-16
注解	Regular	13pt	26px	18	-6
注释一	Regular	12pt	24px	16	0
注释二	Regular	11pt	22px	13	+6

苹果对于字体大小的建议

图 3-31　iOS 系统 App 的字体建议（基于 @2x）　　图 3-32　基于 @2x 即 iPhone 6/7/8 App 界面中的字号

3.2.2 Android 设计规范

Android 系统基础规范也包括设计尺寸及单位、界面结构、布局、字体 4 个方面。

1. Android 设计尺寸及单位

（1）相关单位

● DPI：网点密度（Dot Per Inch，DPI）是打印分辨率的单位，表示每英寸打印的点数，在移动设备上等同于 PPI，表示每英寸所拥有的像素数量，如图 3-33 所示。通常 PPI 代表苹果手机，DPI 代表安卓手机。

● 独立密度像素与独立缩放像素：独立密度像素（Density-independent Pixels，dp）是安卓设备上的基本单位，等同于苹果设备上的 pt。Android 开发工程师使用的单位是 dp，所以 UI 设计师进行标注时应将 px 转化成 dp，公式为 dp*ppi/160 = px。当设备的 DPI 值是 320 时，通过公式可得出 1 dp=2 px，如图 3-34 所示（类似 iPhone 6/7/8 的高清屏）。

独立缩放像素（Scale-independent Pixel，sp）是 Android 设备上的字体单位。Android 平台允许用户自定义文字大小（小、正常、大、超大等），当文字尺寸是"正常"状态时，1 sp=1 dp，如图 3-35 所示；而当文字尺寸是"大"或"超大"时，1 sp>1 dp。UI 设计师进行 Android 界面的设计时，标记字体的单位选用 sp。

图 3-33 DPI 等同于 PPI

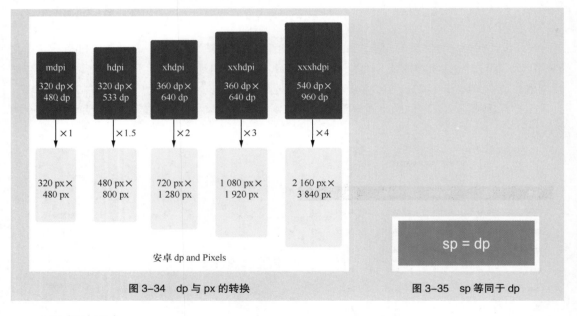

图 3-34 dp 与 px 的转换

图 3-35 sp 等同于 dp

（2）设计尺寸

Android 常见的设备尺寸如图 3-36 和图 3-37 所示。在进行界面设计时，如果想要一稿适配 Android 和 iOS，就使用 Photoshop 新建 720 px×1 280 px 尺寸的画布。如果根据 Material Design 新规范单独设计 Android 设计稿，就使用 Photoshop 新建 1 080 px×1 920 px 尺寸的画布。无论哪种需求，使用 Sketch 只建立 360 dp×640 dp 尺寸的画布即可。

2. Android 界面结构

Android 界面主要由状态栏、导航栏、顶部应用栏组成，其结构如图 3-38 所示。

名称	尺寸	网点密度	像素比	示例	对应像素
xxxhdpi	2 160 px×3 840 px	640	4.0	48dp	192px
xxhdpi	1 080 px×1 920 px	480	3.0	48dp	144px
xhdpi	720 px×1 280 px	320	2.0	48dp	96px
hdpi	480 px×800 px	240	1.5	48dp	72px
mdpi	320 px×480 px	160	1.0	48dp	48px

图 3-36　Android 常见的设备尺寸

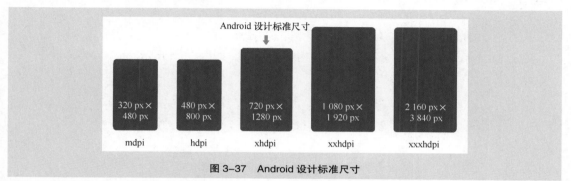

图 3-37　Android 设计标准尺寸

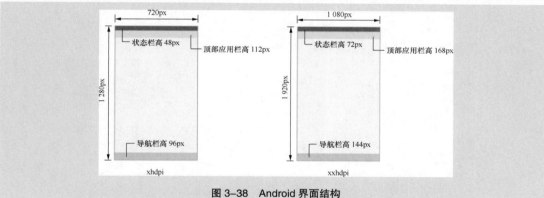

图 3-38　Android 界面结构

3．Android 布局

在 iOS 的设计规范中，我们已经剖析了网格系统及其组成元素，因此在 Android 布局中不再赘述，直接进行 Android 中网格的布局。

● 单元格：Android 的最小点击区域是 48 dp，如图 3-39 所示，因此能被整除的偶数 4 和 8 作为 Android 的最小单元格比较合适。

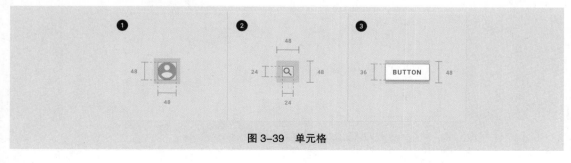

图 3-39　单元格

所有组件都与移动设备的 8 dp 网格对齐，如图 3-40 所示。

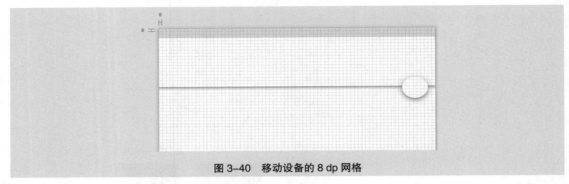

图 3-40　移动设备的 8 dp 网格

图标、文字和组件中的某些元素可以与 4 dp 网格对齐，如图 3-41 所示。

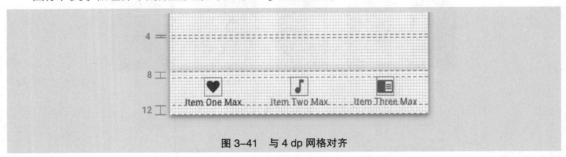

图 3-41　与 4 dp 网格对齐

- 列：列的数量在手机设备上推荐 4 列，在平板电脑上推荐 8 列，如图 3-42 所示。

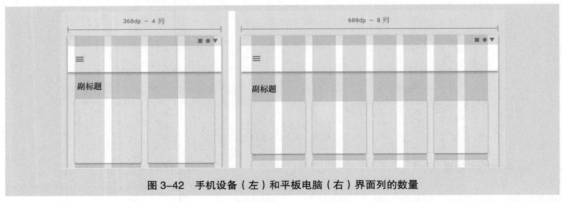

图 3-42　手机设备（左）和平板电脑（右）界面列的数量

- 水槽：水槽和边距的宽度在手机设备上推荐 16 dp，在平板电脑上推荐 24 dp，如图 3-43 所示。

图 3-43　手机设备、平板电脑水槽和边距的宽度

MD建议网格数量			
宽度（dp）	窗口大小	列	边距/水槽（dp）
0 – 359	xsmall	4	16
360 – 399	xsmall	4	16
400 – 479	xsmall	4	16
480 – 599	xsmall	4	16
600 – 719	small	8	16
720 – 839	small	8	24
840 – 959	small	12	24
960 – 1 023	small	12	24
1 024 – 1 279	medium	12	24
1 280 – 1 439	medium	12	24
1 440 – 1 599	large	12	24
1 600 – 1 919	large	12	24
1 920 +	xlarge	12	24

图 3-43　手机设备、平板电脑水槽和边距的宽度（续）

● 边距：边距的宽度可以和水槽统一。另外，边距可以根据产品的设计要求，和水槽不同，如图 3-44 所示。当 Android 中边距的宽度和水槽不同时，其宽度的设置具体可以参考 iOS 布局中边距的宽度。

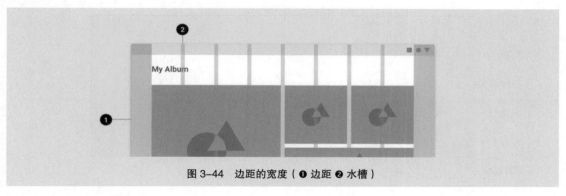

图 3-44　边距的宽度（❶ 边距 ❷ 水槽）

4．Android 字体规范

（1）系统字体

Android 英文使用的是 Roboto 字体，共有 6 个字重；中文使用的是思源黑体，又称为"Source Han Sans"或"Noto"，共有 7 个字重，如图 3-45 所示。

（2）字号大小

Android 设计时要注意字号的大小，如图 3-46 所示。

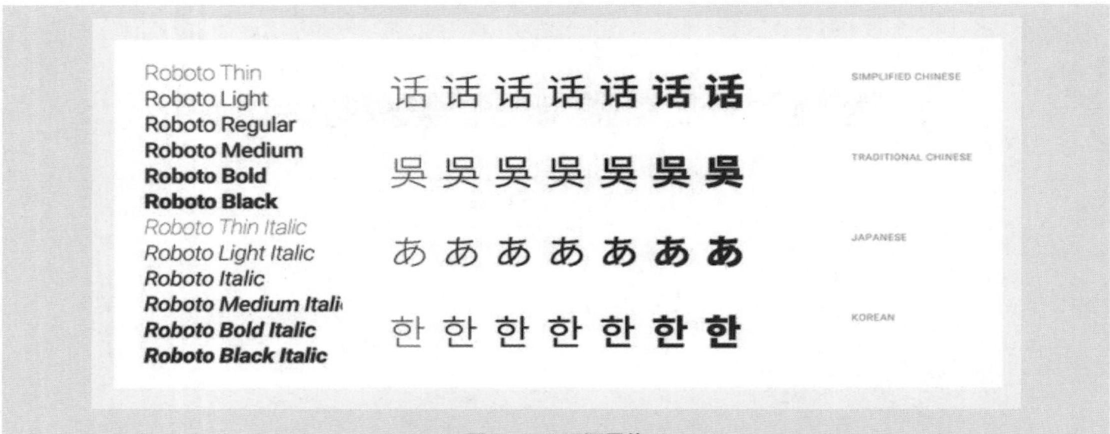

图 3-45　思源黑体

元素	字体	字重	字号 （sp）	使用情况	字间距（em）
H1	Roboto	Light	96	Sentence	-1.5
H2	Roboto	Light	60	Sentence	-0.5
H3	Roboto	Regular	48	Sentence	0
H4	Roboto	Regular	34	Sentence	0.25
H5	Roboto	Regular	24	Sentence	0
H6	Roboto	Medium	20	Sentence	0.15
Subtitle 1	Roboto	Regular	16	Sentence	0.15
Subtitle 2	Roboto	Medium	14	Sentence	0.1
Body 1	Roboto	Regular	16	Sentence	0.5
Body 2	Roboto	Regular	14	Sentence	0.25
BUTTON	Roboto	Medium	14	All caps	1.25
Caption	Roboto	Regular	12	Sentence	0.4
OVERLINE	Roboto	Regular	10	All caps	1.5

图 3-46　Android 系统 App 的字体建议

Android 各元素以 720 px×1 280 px 为基准设计，可以与 iOS 对应，其常见的字号大小为 24 px、26 px、28 px、30 px、32 px、34 px、36 px 等，最小字号为 20 px，如图 3-47 所示。

图 3-47　Android（左）与 iOS（右）对应的界面

3.3　App 常用界面类型

界面设计是产品用户体验里非常重要的一环。在 App 中，常用界面类型为闪屏页、引导页、首页、个人中心页、详情页及注册登录页。

3.3.1　闪屏页

闪屏页又称为"启动页"，是用户点击 App 应用图标后，预先加载的一张图片。闪屏页承载了用户对 App 的第一印象，是情感化设计的重要组成部分，其设计类型可以细分为品牌推广型、活动广告型、节日关怀型等。

慕课视频

App 常用界面类型

1. 品牌推广型

品牌推广型闪屏页是为表现产品品牌而设定的，基本采用"产品 Logo+ 产品名称 + 宣传语"的简洁化设计形式，如图 3-48 所示。

图 3-48　1 号店（左）、闲鱼（中）、蚂蚁财富（右）的品牌推广型闪屏页

2．活动广告型

活动广告型闪屏页是为推广活动或广告而设定的，通常将推广的内容直接设计在闪屏页内。多采用插画和海报的设计形式，常用暖色营造热闹的氛围，如图 3-49 和图 3-50 所示。

图 3-49　百度网盘（左）、百度浏览器（中）、知乎（右）的活动广告型闪屏页

图 3-50　"双 11"（左）、国庆（中）、"双 12"（右）的活动广告型闪屏页

3．节日关怀型

节日关怀型闪屏页是为营造节假日氛围，同时凸显产品品牌而设定的。多采用"产品 LOGO+内容插画"的设计形式，使用户感受到节日的关怀与祝福，如图 3-51 和图 3-52 所示。

图 3-51　闲鱼（左）、美图秀秀（中）、口袋兼职（右）的节日关怀型闪屏页

图 3-52 百度钱包（左）、QQ 音乐（中）、QQ 浏览器（右）的节日关怀型闪屏页

3.3.2 引导页

引导页是用户第一次打开或经过更新后打开 App 看到的一组图片，通常由 3~5 页组成。引导页起到了在用户使用 App 前帮助用户快速了解 App 的主要功能和特点的作用，可以细分为功能说明型、产品推广型、搞笑卖萌型。

1. 功能说明型

功能说明型引导页是引导页中最基础的一种，主要对产品的新功能进行展示，常用于 App 重大版本的更新中。它多采用插图的设计形式，达到短时间内吸引用户的效果，如图 3-53 所示。

图 3-53 高德地图 App 的功能说明型引导页

2. 产品推广型

产品推广型引导页是要表达 App 的价值，让用户更了解这款 App 的情怀。它多采用与企业形象和产品风格一致的生动化、形象化的设计形式，让用户感到画面的精美，如图 3-54 所示。

3. 搞笑卖萌型

搞笑卖萌型引导页设计难度较高，主要站在用户的角度介绍 App 的特点。它多采用拟人的夸张设计形象及丰富的交互动画，让用户身临其境，如图 3-55 所示。

图 3-54　京东商城 App 的产品推广型引导页

图 3-55　搞笑卖萌型引导页

3.3.3　首页

首页又称为"起始页"，是用户使用 App 的第一页。首页承担着流量分发的作用，是展现产品气质的关键页面，可以细分为列表型、网格型、卡片型、综合型。

1．列表型

列表型首页是在页面上将同级别的模块进行分类展示，常用于以数据展示、文字阅读等为主的 App。它采用单一的设计形式，方便用户浏览，如图 3-56 所示。

图 3-56　由英国设计师 George Gliddon 创作（左）、今日头条（中）、由俄罗斯设计师
Alexander Zaytsev 创作（右）的列表型首页

2．网格型

网格型首页是在页面上将重要的功能以矩形模块的形式进行展示，常用于工具类 App。它采用统一矩形模块的设计形式，刺激用户点击，如图 3-57 所示。

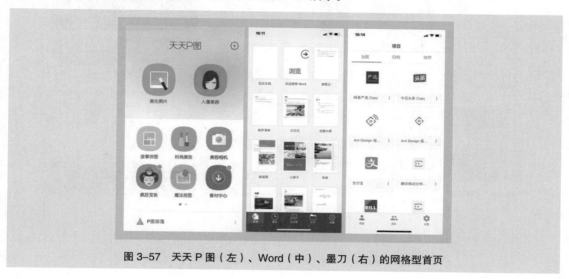

图 3-57　天天 P 图（左）、Word（中）、墨刀（右）的网格型首页

3．卡片型

卡片型首页是在页面上将图片、文字、控件放置于同一张卡片中，再将卡片进行分类展示，常用于数据展示、文字阅读、工具使用等类型的 App。它采用的统一的卡片设计形式，不仅让用户一目了然，更能加强用户对产品内容的点击欲望，如图 3-58 所示。

图 3-58　由 SaturnCube 团队创作（左）、微信读书（中）、翻译大全（右）的卡片型首页

4．综合型

综合型首页是由搜索栏、Banner、金刚区、瓷片区及标签栏等组成的页面，运用范围较广，常用于电商类、教育类、旅游类等方面。它采用丰富的设计形式，能满足用户的需求，如图 3-59 所示。

图 3-59　1 号店（左）、途牛旅游（中）、美团（右）的综合型首页

3.3.4　个人中心页

　　个人中心页是展示个人信息的页面，主要由头像和信息内容组成。个人中心页有时也会以抽屉打开的形式出现，如图 3-60 所示。

图 3-60　淘宝（左）、闲鱼（中）、滴滴出行（右）的个人中心页

3.3.5　详情页

　　详情页是展示 App 产品详细信息，用于使用户产生消费的页面。页面内容较丰富，以图文信息为主，如图 3-61 所示。

图 3-61　京东商城（左）、途牛（中）、36Kr（右）的详情页

3.3.6　注册登录页

注册登录页是电商类、社交类等功能丰富型 App 的必要页面。页面设计直观简洁，并且提供第三方账号登录，如图 3-62 所示。国内常见的第三方账号有微博、微信、QQ 等，国外常见的第三方账号有 Facebook、Twitter、Google 等。

图 3-62　Done（左）、智联招聘（中）、36Kr（右）注册登录页

3.4　课堂案例——制作侃侃 App

【案例学习目标】学习使用不同的绘制工具绘制图形，使用图层样式添加特殊效果，并应用"移动"工具移动装饰图片来制作 App 界面。

【案例知识要点】使用"椭圆"工具和"圆角矩形"工具绘制图形，使用"描边"和"渐变叠加"命令为图形添加效果，使用"剪贴蒙版"命令为图片添加蒙版，使用"横排文字"工具输入文字，效果如图 3-63 所示。

　　【效果所在位置】云盘 /Ch03/ 效果 / 制作侃侃 App。

图 3-63

1．制作侃侃 App 闪屏页

　　（1）按 Ctrl+N 组合键，新建一个文件，宽度为 750 像素，高度为 1 334 像素，分辨率为 72 像素 / 英寸，背景内容为白色，如图 3-64 所示。单击"创建"按钮，完成文档的新建。

　　（2）选择"文件 > 置入嵌入对象"命令，弹出"置入嵌入的对象"对话框。选择

慕课视频

制作侃侃
App 闪屏页

云盘中的"Ch03 > 素材 > 制作侃侃 App > 制作侃侃 App 闪屏页 > 01"文件，单击"置入"按钮，按 Enter 键确认操作，效果如图 3-65 所示，在"图层"面板中生成新的图层并将其命名为"底图"。

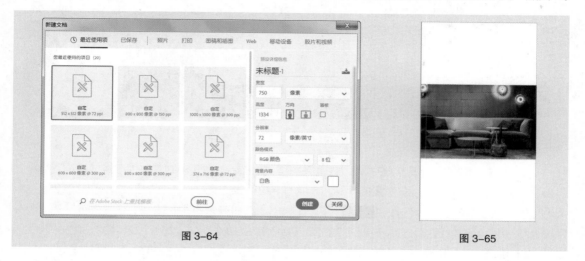

图 3-64   图 3-65

（3）按 Ctrl+T 组合键，在图片周围出现变换框，拖曳右上角的控制手柄，调整图片的大小及其位置，按 Enter 键确认操作，如图 3-66 所示。

（4）选择"视图 > 新建参考线"命令，弹出"新建参考线"对话框，在 40 像素的位置新建一条水平参考线，设置如图 3-67 所示，单击"确定"按钮，完成参考线的创建，效果如图 3-68 所示。

（5）选择"文件 > 置入嵌入对象"命令，弹出"置入嵌入的对象"对话框，选择云盘中的"Ch03 > 素材 > 制作侃侃 App > 制作侃侃 App 闪屏页 > 02"文件。单击"置入"按钮，将图片置入到图像窗口中，将其拖曳到适当的位置，按 Enter 键确认操作，效果如图 3-69 所示，在"图层"面板中生成新的图层并将其命名为"状态栏"。

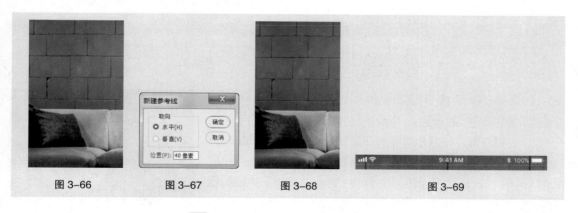

图 3-66   图 3-67   图 3-68   图 3-69

（6）选择"横排文字"工具 **T.**，在适当的位置输入需要的文字并选取文字，选择"窗口 > 字符"命令，弹出"字符"控制面板，将"颜色"设为白色，其他选项的设置如图 3-70 所示，按 Enter 键确认操作，效果如图 3-71 所示。

（7）选择"椭圆"工具 ◯，在属性栏的"选择工具模式"选项中选择"形状"，将"填充"颜色设为白色，"描边"颜色设为无。按住 Shift 键的同时，在图像窗口中适当的位置绘制圆形，效果如图 3-72 所示，在"图层"面板中生成新的形状图层"椭圆 1"。

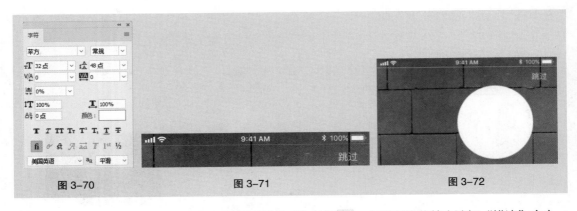

图 3-70　　　　　　　　　　图 3-71　　　　　　　　　　图 3-72

（8）单击"图层"面板下方的"添加图层样式"按钮 *fx* ，在弹出的菜单中选择"描边"命令，弹出"描边"次级对话框，在"填充类型"选项的下拉列表中选择"渐变"选项，单击"渐变"选项右侧的"点按可编辑渐变"按钮 ，弹出"渐变编辑器"对话框，在"位置"选项中分别输入 0、100 两个位置点，分别设置两个位置点颜色的 RGB 值为 0（254、72、49）、100（255、130、18），如图 3-73 所示，单击"确定"按钮。返回到"描边"次级对话框，其他选项的设置如图 3-74 所示，单击"确定"按钮，效果如图 3-75 所示。

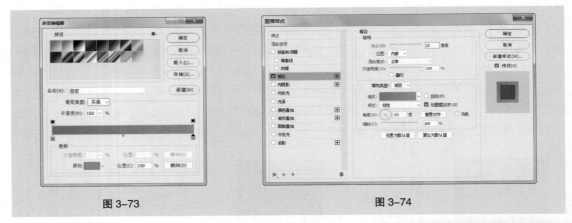

图 3-73　　　　　　　　　　　　　　　图 3-74

（9）将"椭圆 1"图层拖曳到"图层"面板下方的"创建新图层"按钮 上进行复制，生成新的形状图层"椭圆 1 拷贝"。按 Ctrl+T 组合键，在图形周围出现变换框，按住 Alt+Shift 组合键的同时，拖曳右上角的控制手柄等比例缩小图形，按 Enter 键确认操作。在"图层"面板中，双击"椭圆 1 拷贝"图层的缩览图，在弹出的对话框中，将颜色设为黑色，单击"确定"按钮。删除"椭圆 1 拷贝"图层的图层样式，效果如图 3-76 所示。

图 3-75

（10）选择"文件 > 置入嵌入对象"命令，弹出"置入嵌入的对象"对话框，选择云盘中的"Ch03 > 素材 > 制作侃侃 App > 制作侃侃 App 闪屏页 > 03"文件，单击"置入"按钮，将图片置入到图像窗口中，将其拖曳到适当的位置并调整其大小，按 Enter 键确认操作，在"图层"面板中生成新的图层并将其命名为"人物 1"。按 Alt+Ctrl+G 组合键，为"人物 1"图层创建剪贴蒙版，效果如图 3-77 所示。

（11）按住 Shift 键的同时，选中"椭圆 1"图层，按 Ctrl+G 组合键，群组图层并将其命名为"头像 1"，如图 3-78 所示。

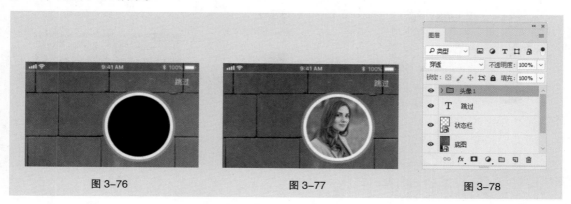

图 3-76　　　　　　　　图 3-77　　　　　　　　图 3-78

（12）将"头像 1"图层组拖曳到"图层"面板下方的"创建新图层"按钮 ▣ 上进行复制，生成新的图层组"头像 1 拷贝"，将其命名为"头像 2"，如图 3-79 所示。按 Ctrl+T 组合键，在图片周围出现变换框。选择"移动"工具 ✛，在图像窗口中将其拖曳到适当的位置并调整其大小，按 Enter 键确认操作，效果如图 3-80 所示。

（13）展开"头像 2"图层组，选中"人物 1"图层，按 Delete 键，删除该图层。选择"文件 > 置入嵌入对象"命令，弹出"置入嵌入的对象"对话框，选择云盘中的"Ch03 > 素材 > 制作侃侃 App > 制作侃侃 App 闪屏页 > 04"文件。单击"置入"按钮，将图片置入到图像窗口中，将其拖曳到适当的位置并调整其大小，按 Enter 键确认操作，在"图层"面板中生成新的图层并将其命名为"人物 2"。按 Alt+Ctrl+G 组合键，为"人物 2"图层创建剪贴蒙版，效果如图 3-81 所示。

图 3-79　　　　　　　　图 3-80　　　　　　　　图 3-81

（14）双击"椭圆 1"图层的"描边"图层样式，弹出"图层样式"对话框，选项的设置如图 3-82 所示，单击"确定"按钮，效果如图 3-83 所示。

（15）折叠"头像 2"图层组中的图层。选择"椭圆"工具 ◯，在属性栏中将"填充"颜色设为白色，按住 Shift 键的同时，在图像窗口中拖曳鼠标绘制圆形，效果如图 3-84 所示。

（16）选择"文件 > 置入嵌入对象"命令，弹出"置入嵌入的对象"对话框，选择云盘中的"Ch03 > 素材 > 制作侃侃 App > 制作侃侃 App 闪屏页 > 08"文件，单击"置入"按钮，将图片置入到图像窗口中，将其拖曳到适当的位置并调整其大小，按 Enter 键确认操作，在"图层"面板中生成新的图层并将其命名为"人物 3"。

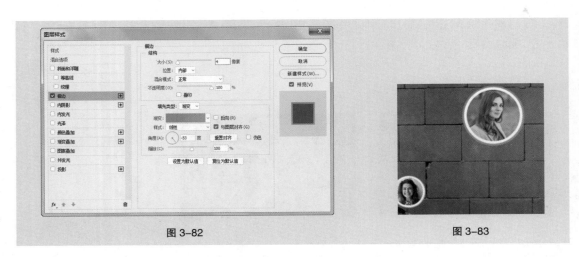

图 3-82　　　　　　　　　　　　　　　　　　　　图 3-83

（17）按 Alt+Ctrl+G 组合键，为"人物 3"图层创建剪贴蒙版，效果如图 3-85 所示。使用相同的方法制作其他图形和图片，效果如图 3-86 所示。在"图层"面板中，选中"人物 7"图层，按住 Shift 键的同时，单击"椭圆 2"图层，将需要的图层同时选取。按 Ctrl+G 组合键，群组图层并将其命名为"更多头像"，如图 3-87 所示。

图 3-84　　　　　　　图 3-85　　　　　　　图 3-86　　　　　　　图 3-87

（18）选择"横排文字"工具 T，在适当的位置输入需要的文字并选取文字，在"字符"面板中，将"颜色"设为白色，其他选项的设置如图 3-88 所示，按 Enter 键确认操作，效果如图 3-89 所示。使用相同的方法输入其他文字，设置如图 3-90 所示，效果如图 3-91 所示。在"图层"面板中分别生成新的文字图层。侃侃 App 闪屏页制作完成。

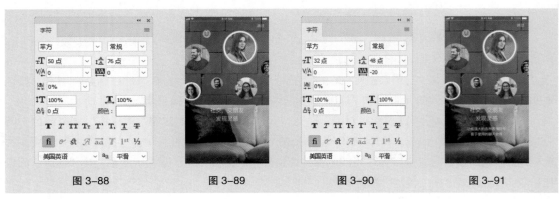

图 3-88　　　　　　　图 3-89　　　　　　　图 3-90　　　　　　　图 3-91

2. 制作侃侃 App 欢迎页

（1）按 Ctrl+N 组合键，新建一个文件，宽度为 750 像素，高度为 1 334 像素，分辨率为 72 像素 / 英寸，背景内容为白色，如图 3-92 所示，单击"创建"按钮，完成文档的新建。

（2）选择"文件 > 置入嵌入对象"命令，弹出"置入嵌入的对象"对话框，选择云盘中的"Ch03 > 素材 > 制作侃侃 App > 制作侃侃 App 欢迎页 > 01"文件，单击"置入"按钮，将图片置入到图像窗口中。将其拖曳到适当的位置并调整其大小，按 Enter 键确认操作，效果如图 3-93 所示，在"图层"面板中生成新的图层并将其命名为"底图"。

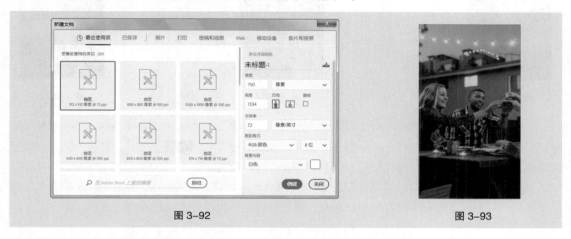

图 3-92　　　　　　　　　　　　　　　　　　　　　　　图 3-93

（3）选择"视图 > 新建参考线"命令，弹出"新建参考线"对话框，在 40 像素的位置新建一条水平参考线，设置如图 3-94 所示，单击"确定"按钮，完成参考线的创建，效果如图 3-95 所示。

（4）选择"文件 > 置入嵌入对象"命令，弹出"置入嵌入的对象"对话框，选择云盘中的"Ch03 > 素材 > 制作侃侃 App > 制作侃侃 App 欢迎页 > 02"文件，单击"置入"按钮，将图片置入到图像窗口中。将图片拖曳到图像窗口中适当的位置，按 Enter 键确认操作，效果如图 3-96 所示，在"图层"面板中生成新的图层并将其命名为"状态栏"。

（5）选择"横排文字"工具 T.，在适当的位置输入需要的文字并选取文字，在"字符"面板中将"颜色"设为白色，其他选项的设置如图 3-97 所示，效果如图 3-98 所示。用相同的方法再次输入文字，设置如图 3-99 所示，效果如图 3-100 所示，在"图层"面板中分别生成新的文字图层。

图 3-94　　　　　　　　　图 3-95　　　　　　　　　图 3-96　　　　　　　　　图 3-97

（6）选择"圆角矩形"工具 ▢，在属性栏的"选择工具模式"选项中选择"形状"，将"填充"颜色设为白色，"描边"颜色设为无，"半径"选项设置为 10 像素。在图像窗口中适当的位置绘制圆角矩形，在"图层"面板中生成新的形状图层"圆角矩形 1"。选择"窗口 > 属性"命令，弹出"属性"面板，设置如图 3-101 所示，按 Enter 键确认操作，效果如图 3-102 所示。

图 3-98   图 3-99   图 3-100   图 3-101   图 3-102

（7）单击"图层"面板下方的"添加图层样式"按钮 fx，在弹出的菜单中选择"渐变叠加"命令，弹出对话框，单击"渐变"选项右侧的"点按可编辑渐变"按钮，弹出"渐变编辑器"对话框。在"位置"选项中分别输入 0、100 两个位置点，分别设置两个位置点颜色的 RGB 值为 0（255、134、16）、100（254、44、60），如图 3-103 所示。单击"确定"按钮，返回到"渐变叠加"次级对话框，其他选项的设置如图 3-104 所示，单击"确定"按钮，效果如图 3-105 所示。

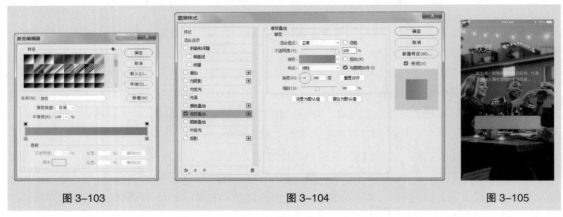

图 3-103   图 3-104   图 3-105

（8）选择"横排文字"工具 T，在适当的位置输入需要的文字并选取文字，在"字符"面板中将"颜色"设为白色，其他选项的设置如图 3-106 所示，按 Enter 键确认操作，效果如图 3-107 所示，在"图层"面板中生成新的文字图层。

（9）将"圆角矩形 1"图层拖曳到"图层"面板下方的"创建新图层"按钮 上进行复制，生成新的形状图层"圆角矩形 1 拷贝"。选择"移动"工具 ✛，按住 Shift 键的同时，将其向下拖曳到适当的位置。删除"圆角矩形 1 拷贝"图层的图层样式，效果如图 3-108 所示。

（10）选择"横排文字"工具 T，在适当的位置输入需要的文字并选取文字，在"字符"面板中将"颜色"设为黑色，其他选项的设置如图 3-109 所示，按 Enter 键确认操作，效果如图 3-110 所示。使用相同的方法输入其他文字，在"字符"面板中将"颜色"设为白色，其他选项的设置如图 3-111 所示，按 Enter 键确认操作，效果如图 3-112 所示。

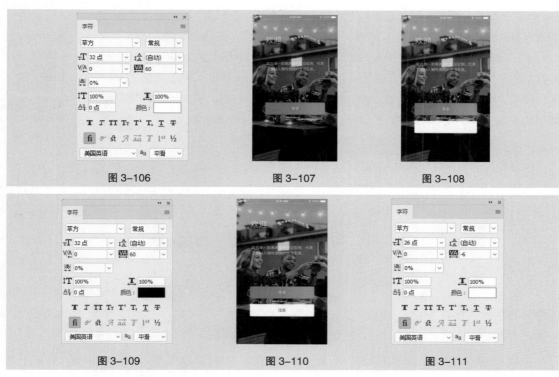

图 3-106　　　　　　　　图 3-107　　　　　　　　图 3-108

图 3-109　　　　　　　　图 3-110　　　　　　　　图 3-111

（11）按 Ctrl+O 组合键，打开云盘中的"Ch03 > 素材 > 制作侃侃 App > 制作侃侃 App 欢迎页 > 03"文件，选择"移动"工具 ✛，将"QQ"图形拖曳到图像窗口中适当的位置并调整其大小，效果如图 3-113 所示，在"图层"面板中生成新的形状图层"QQ"。使用相同的方法拖曳其他图形到适当的位置，效果如图 3-114 所示。侃侃 App 欢迎页制作完成。

图 3-112　　　　　　　　图 3-113　　　　　　　　图 3-114

侃侃 App 登录页、注册页制作步骤与欢迎页类似，在此不赘述。读者可参照慕课视频进行操作。

3. 制作侃侃 App 首页

（1）按 Ctrl+N 组合键，新建一个文件，宽度为 750 像素，高度为 4 054 像素，分辨率为 72 像素 / 英寸，背景内容为白色，如图 3-115 所示，单击"创建"按钮，完成文档的新建。

慕课视频
制作侃侃
App 登录页

慕课视频
制作侃侃
App 注册页

（2）选择"视图 > 新建参考线"命令，弹出"新建参考线"对话框，在 40 像素的位置新建一条水平参考线，设置如图 3-116 所示，单击"确定"按钮，完成参考线的创建。

（3）选择"文件 > 置入嵌入对象"命令，弹出"置入嵌入的对象"对话框，选择云盘中的"Ch03 > 素材 > 制作侃侃 App > 制作侃侃 App 首页 > 01"文件，单击"置入"按钮，将图片置入到图像窗口中。将其拖曳到适当的位置，按 Enter 键确认操作，效果如图 3-117 所示，在"图层"面板中生成新的图层并将其命名为"状态栏"。

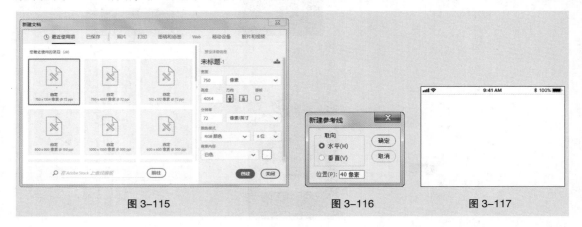

图 3-115　　　　　　　图 3-116　　　　　　　图 3-117

（4）选择"视图 > 新建参考线"命令，弹出"新建参考线"对话框，在 128 像素（距离上方参考线 88 像素）的位置新建一条水平参考线，设置如图 3-118 所示，单击"确定"按钮，完成参考线的创建，效果如图 3-119 所示。用相同的方法，在 32 像素的位置新建一条垂直参考线，设置如图 3-120 所示，单击"确定"按钮，完成参考线的创建。

（5）用相同的方法，在 375 像素（页面中心位置）和 718 像素（距离右侧 32 像素）的位置新建两条垂直参考线，效果如图 3-121 所示。

图 3-118　　　　　图 3-119　　　　　图 3-120　　　　　图 3-121

（6）选择"横排文字"工具 **T**，在适当的位置输入需要的文字并选取文字，在"字符"面板中将"颜色"设为黑色，其他选项的设置如图 3-122 所示，按 Enter 键确认操作，效果如图 3-123 所示，在"图层"面板生成新的文字图层。

（7）按 Ctrl + O 组合键，打开云盘中的"Ch03> 素材 > 制作侃侃 App > 制作侃侃 App 首页 > 02"文件。选择"移动"工具 ✛，将"编辑"图形拖曳到图像窗口中适当的位置并调整其大小，效果如图 3-124 所示，在"图层"面板中生成新的形状图层"编辑"。在"图层"面板中，按住 Shift 键的同时，单击"发现"图层，将需要的图层同时选取。按 Ctrl+G 组合键，群组图层并将其命名为"导航栏"，如图 3-125 所示。

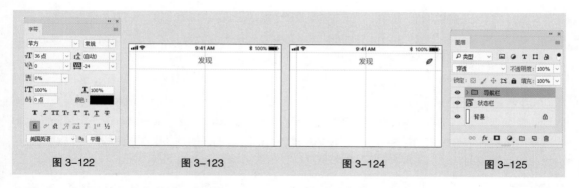

图 3-122　　　　　　　　图 3-123　　　　　　　　图 3-124　　　　　　　　图 3-125

（8）选择"视图 > 新建参考线"命令，弹出"新建参考线"对话框，在 168 像素（距离上方参考线 40 像素）的位置新建一条水平参考线，设置如图 3-126 所示，单击"确定"按钮，完成参考线的创建，效果如图 3-127 所示。用相同的方法，在 416 像素（距离上方参考线 248 像素）的位置新建一条水平参考线，效果如图 3-128 所示。

图 3-126　　　　　　　　图 3-127　　　　　　　　图 3-128

（9）选择"圆角矩形"工具 ，在属性栏中将"填充"颜色设为白色，"半径"选项设置为26 像素，在图像窗口中适当的位置绘制圆角矩形，效果如图 3-129 所示，在"图层"面板中生成新的形状图层"圆角矩形 1"。

（10）单击"图层"面板下方的"添加图层样式"按钮 ，在弹出的菜单中选择"投影"命令，弹出对话框。将阴影颜色设为黑色，其他选项的设置如图 3-130 所示，单击"确定"按钮，效果如图 3-131 所示。

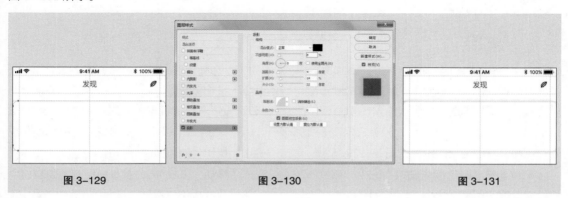

图 3-129　　　　　　　　图 3-130　　　　　　　　图 3-131

（11）选择"椭圆"工具 ，按住 Shift 键的同时，在图像窗口中适当的位置绘制圆形，效果如图 3-132 所示。在属性栏中将"填充"颜色设为黑色，在"图层"面板中生成新的形状图层"椭圆 1"。

（12）按 Ctrl+J 组合键，复制图层，在"图层"面板中生成新的形状图层并将其命名为"椭圆 2"。选择"移动"工具 ➕，按住 Shift 键的同时，将其拖曳到适当的位置，如图 3-133 所示。单击图层左侧的眼睛图标 👁，隐藏该图层，并选中"椭圆 1"图层。

（13）选择"文件 > 置入嵌入对象"命令，弹出"置入嵌入的对象"对话框，选择云盘中的"Ch03 > 素材 > 制作侃侃 App > 制作侃侃 App 首页 > 03"文件，单击"置入"按钮，将图片置入到图像窗口中。将其拖曳到适当的位置并调整其大小，按 Enter 键确认操作，在"图层"面板中生成新的图层并将其命名为"头像 1"。按 Alt+Ctrl+G 组合键，为"头像 1"图层创建剪贴蒙版，效果如图 3-134 所示。

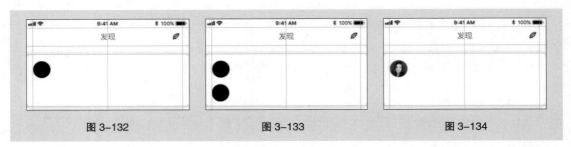

图 3-132　　　　　　　　　　图 3-133　　　　　　　　　　图 3-134

（14）选择"横排文字"工具 T，在适当的位置输入需要的文字并选取文字，在"字符"面板中将"颜色"设为浅蓝色（132、144、166），其他选项的设置如图 3-135 所示，按 Enter 键确认操作，效果如图 3-136 所示，在"图层"面板中生成新的文字图层。

（15）选中"椭圆 2"图层，单击图层左侧的空白图标 ▢，显示该图层，效果如图 3-137 所示。

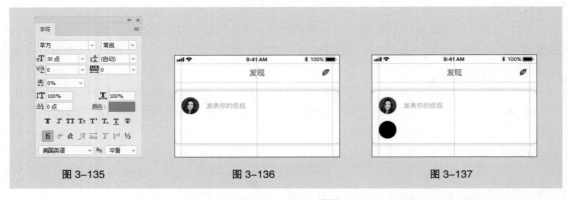

图 3-135　　　　　　　　　　图 3-136　　　　　　　　　　图 3-137

（16）单击"图层"面板下方的"添加图层样式"按钮 fx，在弹出的菜单中选择"渐变叠加"命令，弹出对话框。单击"渐变"选项右侧的"点按可编辑渐变"按钮，弹出"渐变编辑器"对话框，在"位置"选项中分别输入 0、100 两个位置点，分别设置两个位置点颜色的 RGB 值为 0（255、134、16）、100（254、44、60），如图 3-138 所示，单击"确定"按钮。返回到"渐变叠加"次级对话框，其他选项的设置如图 3-139 所示，单击"确定"按钮，效果如图 3-140 所示。

（17）在"02"图像窗口中选中"相机"图层，选择"移动"工具 ➕，将其拖曳到图像窗口中适当的位置并调整其大小，效果如图 3-141 所示，在"图层"面板中生成新的形状图层"相机"。

（18）选择"横排文字"工具 T，在适当的位置输入需要的文字并选取文字，在"字符"面板中将"颜色"设为黑色，其他选项的设置如图 3-142 所示，按 Enter 键确认操作，效果如图 3-143 所示，在"图层"面板中生成新的文字图层。

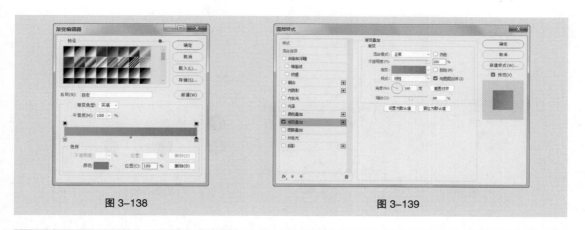

图 3-138　　　　　　　　　　　　　　　　　　图 3-139

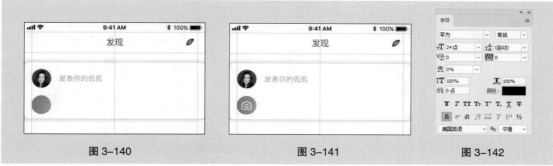

图 3-140　　　　　　　　　图 3-141　　　　　　　　　图 3-142

（19）按住 Shift 键的同时，单击"椭圆 2"图层，将需要的图层同时选取。按 Ctrl+G 组合键，群组图层并将其命名为"照片"，如图 3-144 所示。使用相同的方法制作"想法"和"位置"图层组，效果如图 3-145 所示。按住 Shift 键的同时，单击"圆角矩形 1"图层，将需要的图层同时选取，群组图层并将其命名为"发表"，如图 3-146 所示。

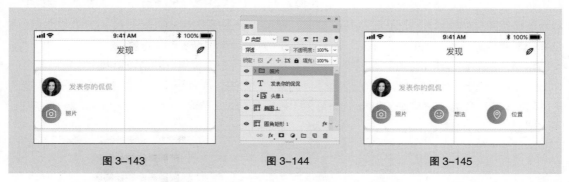

图 3-143　　　　　　　　　图 3-144　　　　　　　　　图 3-145

（20）选择"视图 > 新建参考线"命令，弹出"新建参考线"对话框，在 446 像素（距离上方参考线 30 像素）的位置新建一条水平参考线，设置如图 3-147 所示，单击"确定"按钮，完成参考线的创建，效果如图 3-148 所示。用相同的方法，在 1 526 像素的位置新建一条水平参考线，如图 3-149 所示。

（21）选择"圆角矩形"工具 ▭ ，在属性栏中将"填充"颜色设为白色，"半径"选项设置为 26 像素，在图像窗口中适当的位置绘制圆角矩形，效果如图 3-150 所示，在"图层"面板中生成新的形状图层"圆角矩形 2"。单击"图层"面板下方的"添加图层样式"按钮 fx ，在弹出的菜单中选择"投影"命令，弹出对话框，将阴影颜色设为黑色，其他选项的设置如图 3-151 所示，单击"确定"按钮，效果如图 3-152 所示。

图 3-146   图 3-147   图 3-148

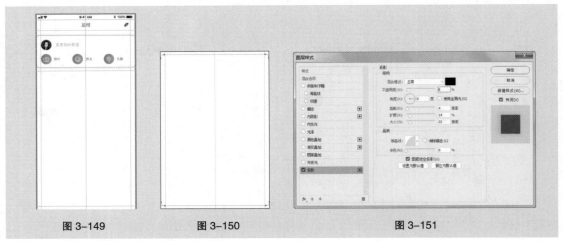

图 3-149   图 3-150   图 3-151

（22）选择"椭圆"工具 ⬭ ，按住 Shift 键的同时，在图像窗口中拖曳鼠标绘制圆形。在属性栏中将"填充"颜色设为黑色，"描边"颜色设为无，效果如图 3-153 所示，在"图层"面板中生成新的形状图层"椭圆 5"。单击"图层"面板下方的"添加图层样式"按钮 fx ，在弹出的菜单中选择"渐变叠加"命令，单击"渐变"选项右侧的"点按可编辑渐变"按钮 ▰▰▰ ，弹出"渐变编辑器"对话框，在"位置"选项中分别输入 0、100 两个位置点，分别设置两个位置点颜色的 RGB 值为 0（255、134、16）、100（254、44、60），如图 3-154 所示，单击"确定"按钮。返回到"图层样式"对话框，其他选项的设置如图 3-155 所示，单击"确定"按钮，效果如图 3-156 所示。

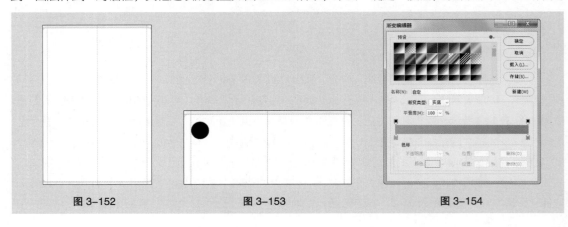

图 3-152   图 3-153   图 3-154

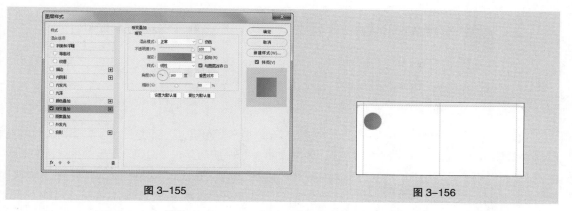

图 3-155   图 3-156

（23）选择"椭圆"工具 ⬭，按住 Shift 键的同时，在图像窗口中拖曳鼠标绘制圆形，在"图层"面板中生成新的形状图层"椭圆 6"。在属性栏中将"填充"颜色设为黑色，"描边"颜色设为无，效果如图 3-157 所示。

（24）选择"文件 > 置入嵌入对象"命令，弹出"置入嵌入的对象"对话框，选择云盘中的"Ch03 > 素材 > 制作侃侃 App > 制作侃侃 App 首页 > 04"文件，单击"置入"按钮，将图片置入到图像窗口中。将其拖曳到适当的位置并调整其大小，按 Enter 键确认操作，效果如图 3-158 所示，在"图层"面板中生成新的图层并将其命名为"头像 2"。按 Alt+Ctrl+G 组合键，为"头像 2"图层创建剪贴蒙版，效果如图 3-159 所示。

图 3-157   图 3-158   图 3-159

（25）选择"横排文字"工具 T，在适当的位置输入需要的文字并选取文字，在"字符"面板中将"颜色"设为黑色，其他选项的设置如图 3-160 所示，按 Enter 键确认操作，效果如图 3-161 所示。使用相同的方法输入其他文字，在"字符"面板中将"颜色"设为浅蓝色（162、169、183），其他选项的设置如图 3-162 所示，按 Enter 键确认操作，效果如图 3-163 所示。使用相同的方法输入其他文字，效果如图 3-164 所示，在"图层"面板中分别生成新的文字图层。

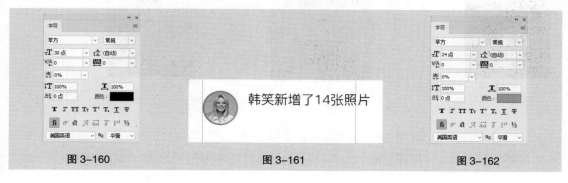

图 3-160   图 3-161   图 3-162

图 3-163   图 3-164

（26）在"02"图像窗口中分别选中"定位"和"更多"图层，选择"移动"工具 ，将其拖曳到图像窗口中适当的位置并调整其大小，效果如图 3-165 所示，在"图层"面板中生成新的形状图层"定位"和"更多"。在"图层"面板中选中"更多"图层，按住 Shift 键的同时，单击"椭圆 5"图层，将需要的图层同时选取。按 Ctrl+G 组合键，群组图层并将其命名为"更多"，如图 3-166 所示。

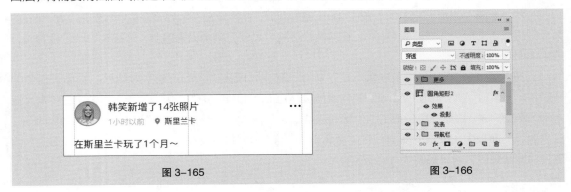

图 3-165   图 3-166

（27）选择"矩形"工具 ⬚，在属性栏的"选择工具模式"选项中选择"形状"，将"填充"颜色设为黑色，"描边"颜色设为无。在图像窗口中适当的位置绘制矩形，效果如图 3-167 所示，在"图层"面板中生成新的形状图层"矩形 1"。

（28）选择"文件 > 置入嵌入对象"命令，弹出"置入嵌入的对象"对话框，选择云盘中的"Ch03 > 素材 > 制作侃侃 App > 制作侃侃 App 首页 > 05"文件，单击"置入"按钮，将图片置入到图像窗口中，将其拖曳到适当的位置并调整其大小，按 Enter 键确认操作，效果如图 3-168 所示，在"图层"面板中生成新的图层并将其命名为"照片 1"。按 Alt+Ctrl+G 组合键，为"照片 1"图层创建剪贴蒙版，效果如图 3-169 所示。

图 3-167   图 3-168   图 3-169

（29）使用相同的方法制作其他图片，效果如图 3-170 所示。用上述方法群组图层，并将其命名为"照片"。在"02"图像窗口中选中"喜欢"图层，选择"移动"工具 ，将其拖曳到图像窗口中适当的位置并调整其大小，效果如图 3-171 所示，在"图层"面板中生成新的形状图层"喜欢"。

　　（30）选择"横排文字"工具 **T.**，在适当的位置输入需要的文字并选取文字，在"字符"面板中将"颜色"设为黑色，其他选项的设置如图 3-172 所示，按 Enter 键确认操作，效果如图 3-173 所示，在"图层"面板中生成新的文字图层。

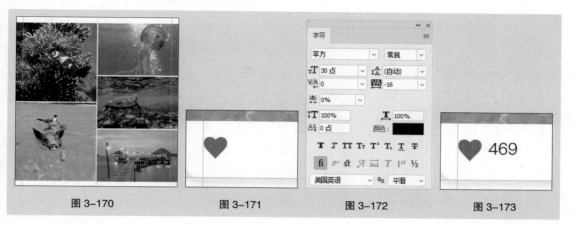

<table>
<tr><td>图 3-170</td><td>图 3-171</td><td>图 3-172</td><td>图 3-173</td></tr>
</table>

　　（31）使用相同的方法，将需要的形状图层拖曳到适当的位置并输入文字，效果如图 3-174 所示。在"图层"面板中，按住 Shift 键的同时，单击"喜欢"图层，将需要的图层同时选取。按 Ctrl+G 组合键，群组图层并将其命名为"评论栏"。 按住 Shift 键的同时，单击"圆角矩形 2"图层，将需要的图层同时选取。按 Ctrl+G 组合键，群组图层并将其命名为"韩笑"，如图 3-175 所示。

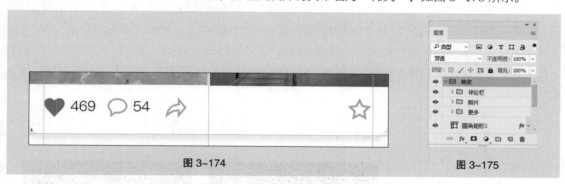

<table>
<tr><td>图 3-174</td><td>图 3-175</td></tr>
</table>

　　（32）选择"视图 > 新建参考线"命令，弹出"新建参考线"对话框，在 1 556 像素（距离上方参考线 30 像素）的位置新建一条水平参考线，设置如图 3-176 所示，单击"确定"按钮，完成参考线的创建，效果如图 3-177 所示。用相同的方法，在 2 256 像素（距离上方参考线 700 像素）的位置新建一条水平参考线，效果如图 3-178 所示。

<table>
<tr><td>图 3-176</td><td>图 3-177</td><td>图 3-178</td></tr>
</table>

（33）选择"圆角矩形"工具 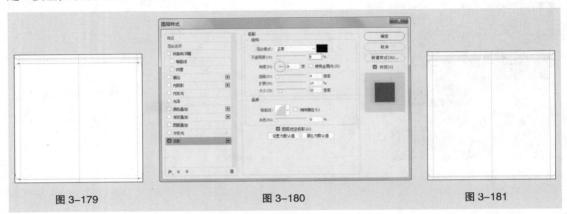，在属性栏中将"填充"颜色设为白色，"半径"选项设置为 26 像素，在图像窗口中适当的位置绘制圆角矩形，效果如图 3-179 所示，在"图层"面板中生成新的形状图层"圆角矩形 3"。单击"图层"面板下方的"添加图层样式"按钮，在弹出的菜单中选择"投影"命令，弹出对话框，将阴影颜色设为黑色，其他选项的设置如图 3-180 所示，单击"确定"按钮，效果如图 3-181 所示。

图 3-179　　　　　　　　图 3-180　　　　　　　　图 3-181

（34）用上述方法制作图片、文字和形状，效果如图 3-182 所示。选择"矩形"工具 □，在图像窗口中适当的位置绘制矩形，在属性栏中将"填充"颜色设为黑色，"描边"颜色设为无，效果如图 3-183 所示，在"图层"面板中生成新的形状图层"矩形 6"。

（35）选择"文件 > 置入嵌入对象"命令，弹出"置入嵌入的对象"对话框，选择云盘中的"Ch03 > 素材 > 制作侃侃 App > 制作侃侃 App 首页 > 11"文件，单击"置入"按钮，将图片置入到图像窗口中。将其拖曳到适当的位置并调整其大小，按 Enter 键确认操作，在"图层"面板中生成新的图层并将其命名为"视频"。按 Alt+Ctrl+G 组合键，为"视频"图层创建剪贴蒙版，效果如图 3-184 所示。

图 3-182　　　　　　　　图 3-183　　　　　　　　图 3-184

（36）使用上述方法拖曳需要的形状到适当的位置并输入文字，效果如图 3-185 所示。用上述方法群组图层并将其命名为"李一然"，如图 3-186 所示。

（37）选择"视图 > 新建参考线"命令，弹出"新建参考线"对话框，在 2286 像素（距离上方参考线 30 像素）的位置新建一条水平参考线，设置如图 3-187 所示，单击"确定"按钮，完成参考线的创建，效果如图 3-188 所示。用相同的方法，在 3 106 像素（距离上方参考线 820 像素）的位置新建一条水平参考线，效果如图 3-189 所示。

图 3-185   图 3-186   图 3-187

（38）选择"圆角矩形"工具 ▢，在属性栏中将"填充"颜色设为白色，"描边"颜色设为无，"半径"选项设置为 26 像素，在图像窗口中适当的位置绘制圆角矩形，在"图层"面板中生成新的形状图层"圆角矩形 4"，效果如图 3-190 所示。单击"图层"面板下方的"添加图层样式"按钮 fx，在弹出的菜单中选择"投影"命令，弹出对话框，将阴影颜色设为黑色，其他选项的设置如图 3-191所示，单击"确定"按钮，效果如图 3-192 所示。

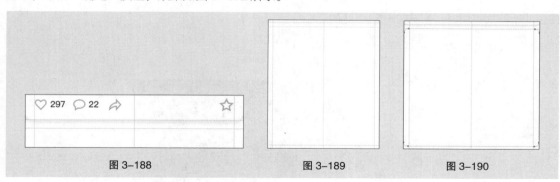

图 3-188   图 3-189   图 3-190

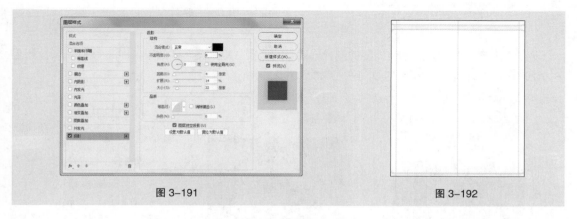

图 3-191   图 3-192

（39）用上述方法制作图片、文字和形状，效果如图 3-193 所示。选择"矩形"工具 ▢，在属性栏中将"填充"颜色设为黑色，在图像窗口中适当的位置绘制矩形，效果如图 3-194 所示，在"图层"面板中生成新的形状图层"矩形 7"。

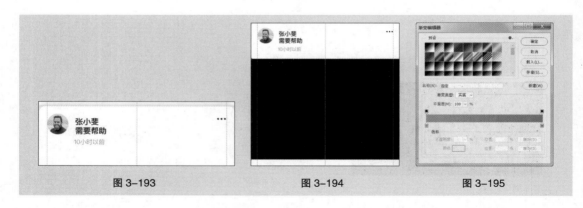

图 3-193　　　　　　　　　　　　　图 3-194　　　　　　　　　　　　　图 3-195

（40）单击"图层"面板下方的"添加图层样式"按钮 fx.，在弹出的菜单中选择"渐变叠加"命令，弹出对话框，单击"渐变"选项右侧的"点按可编辑渐变"按钮 ⬛⬛⬛⬛ ⌄，弹出"渐变编辑器"对话框，在"位置"选项中分别输入 0、100 两个位置点，分别设置两个位置点颜色的 RGB 值为 0（255、134、16 ）、100（254、44、60 ），如图 3-195 所示，单击"确定"按钮。返回到"渐变叠加"对话框，其他选项的设置如图 3-196 所示，单击"确定"按钮，效果如图 3-197 所示。

（41）选择"横排文字"工具 T.，在适当的位置输入需要的文字并选取文字，在"字符"面板中将"颜色"设为白色，其他选项的设置如图 3-198 所示，按 Enter 键确认操作，在"图层"面板中生成新的文字图层，效果如图 3-199 所示。

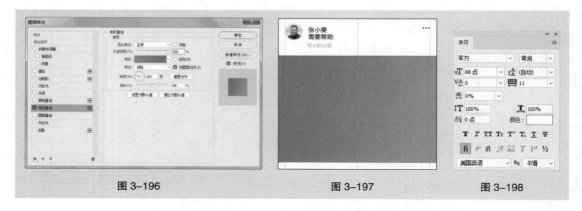

图 3-196　　　　　　　　　　　　　图 3-197　　　　　　　　　　　　　图 3-198

（42）使用相同的方法拖曳需要的形状到适当的位置并输入文字，效果如图 3-200 所示。用上述方法群组图层并将其命名为"张小斐"，如图 3-201 所示。

图 3-199　　　　　　　　　　　　　图 3-200　　　　　　　　　　　　　图 3-201

（43）选择"视图 > 新建参考线"命令，弹出"新建参考线"对话框，在 3 136 像素（距离上方参考线 30 像素）的位置新建一条水平参考线，设置如图 3-202 所示，单击"确定"按钮，完成参考线的创建，效果如图 3-203 所示。

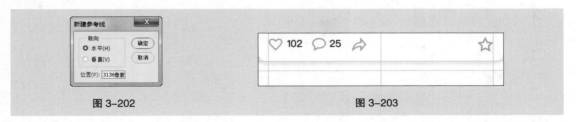

图 3-202   图 3-203

（44）使用相同的方法拖曳需要的形状到适当的位置并输入文字，效果如图 3-204 所示。用上述方法群组图层并将其命名为"张明"，如图 3-205 所示。

（45）选择"圆角矩形"工具，在属性栏中将"填充"颜色设为白色，在距离上方圆角矩形 30 像素的位置绘制圆角矩形，在"图层"面板中生成新的形状图层"圆角矩形 6"。在"属性"面板中设置参数，如图 3-206 所示，按 Enter 键确认操作，效果如图 3-207 所示。

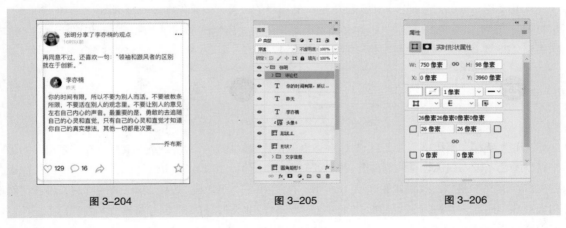

图 3-204   图 3-205   图 3-206

图 3-207

（46）单击"图层"面板下方的"添加图层样式"按钮，在弹出的菜单中选择"投影"命令，弹出对话框。将阴影颜色设为黑色，其他选项的设置如图 3-208 所示，单击"确定"按钮，效果如图 3-209 所示。

（47）选择"椭圆"工具，按住 Shift 键的同时，在图像窗口中拖曳鼠标绘制圆形。在属性栏中将"填充"颜色设为黑色，"描边"颜色设为无，效果如图 3-210 所示，在"图层"面板中生成新的形状图层"椭圆 11"。在"02"图像窗口中选中"主页"图层，选择"移动"工具，将其拖曳到图像窗口中适当的位置并调整其大小，效果如图 3-211 所示，在"图层"面板中生成新的形状图层"主页"。

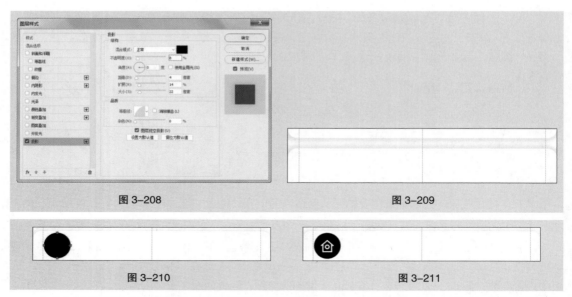

图 3-208　　　　　　　　　　　　图 3-209

图 3-210　　　　　　　　　　　　图 3-211

（48）用相同的方法拖曳其他需要的形状到适当的位置，效果如图 3-212 所示。选择"椭圆"工具 ◯.，按住 Shift 键的同时，在图像窗口中适当的位置绘制圆形，在"图层"面板中生成新的形状图层"椭圆 12"。在属性栏中将"填充"颜色设为红色（255、0、0），效果如图 3-213 所示。

图 3-212　　　　　　　　　　　　图 3-213

（49）选择"横排文字"工具 T.，在适当的位置输入需要的文字并选取文字，在"字符"面板中将"颜色"设为白色，其他选项的设置如图 3-214 所示，按 Enter 键确认操作，在"图层"面板中生成新的文字图层，效果如图 3-215 所示。在"图层"面板中，按住 Shift 键的同时，单击"圆角矩形 6"图层，将需要的图层同时选取。按 Ctrl+G 组合键，群组图层并将其命名为"标签栏"。侃侃 App 首页制作完成。

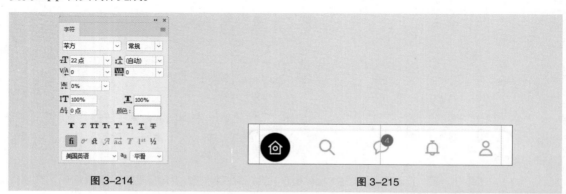

图 3-214　　　　　　　　　　　　图 3-215

侃侃 App 图文详情页、发布页及搜索页制作步骤与首页类似，在此不赘述。读者可参照慕课视频进行操作。

4．制作侃侃 App 消息列表页

（1）按 Ctrl+N 组合键，新建一个文件，宽度为 750 像素，

慕课视频

制作侃侃 App
图文详情页

慕课视频

制作侃侃 App
发布页

慕课视频

制作侃侃 App
搜索页

高度为 1 334 像素，分辨率为 72 像素 / 英寸，
背景内容为白色，如图 3-216 所示，单击"创建"
按钮，完成文档的新建。

图 3-216

（2）选择"视图 > 新建参考线"命令，弹出
"新建参考线"对话框，在 40 像素的位置新建
一条水平参考线，设置如图 3-217 所示，单击"确
定"按钮，完成参考线的创建。选择"文件 > 置
入嵌入对象"命令，弹出"置入嵌入的对象"对
话框，选择云盘中的"Ch03 > 素材 > 制作侃侃
App > 制作侃侃 App 消息列表页 > 01"文件，
单击"置入"按钮，将图片置入到图像窗口中。将其拖曳到适当的位置，按 Enter 键确
认操作，效果如图 3-218 所示，在"图层"面板中生成新的图层并将其命名为"状态栏"。

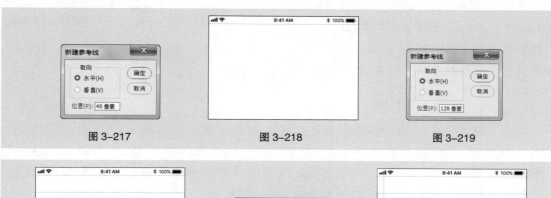

（3）选择"视图 > 新建参考线"命令，弹出"新建参考线"对话框，在 128 像素（距
离上方参考线 88 像素）的位置新建一条水平参考线，设置如图 3-219 所示，单击"确定"
按钮，完成参考线的创建，效果如图 3-220 所示。用相同的方法再次在 32 像素的位置创建一条垂
直参考线，设置如图 3-221 所示，单击"确定"按钮，完成参考线的创建，效果如图 3-222 所示。

图 3-217　　　　　　　　图 3-218　　　　　　　　图 3-219

图 3-220　　　　　　　　图 3-221　　　　　　　　图 3-222

（4）用相同的方法，在 718 像素（距
离右侧 32 像素）的位置新建一条垂直参
考线，效果如图 3-223 所示。

（5）选择"横排文字"工具，在
适当的位置输入需要的文字并选取文字，
在"字符"面板中将"颜色"设为黑色，
其他选项的设置如图 3-224 所示，效果如
图 3-225 所示，在"图层"面板中生成新

图 3-223　　　　　　　　图 3-224

慕课视频

制作侃侃 App
消息列表页

的文字图层。

（6）用相同的方法，选择"横排文字"工具 **T.**，在适当的位置输入需要的文字并选取文字，在"字符"面板中，将"颜色"设为浅蓝色（136、145、164），其他选项的设置如图 3-226 所示，效果如图 3-227 所示，在"图层"面板中生成新的文字图层。

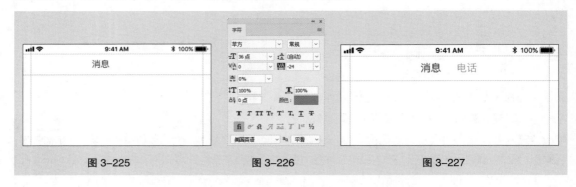

图 3-225　　　　　　　　图 3-226　　　　　　　　图 3-227

（7）按 Ctrl + O 组合键，打开云盘中的"Ch03> 素材 > 制作侃侃 App > 制作侃侃 App 消息列表页 > 02"文件，选择"移动"工具 **⊕.**，将"编辑"图形拖曳到图像窗口中适当的位置并调整其大小，效果如图 3-228 所示，在"图层"面板中生成新的形状图层"编辑"。按住 Shift 键的同时，单击"消息"图层，将需要的图层同时选取。按 Ctrl+G 组合键，群组图层并将其命名为"导航栏"，如图 3-229 所示。

图 3-228　　　　　　　　图 3-229

（8）选择"视图 > 新建参考线"命令，弹出"新建参考线"对话框，在 168 像素（距离上方参考线 40 像素）的位置新建一条参考线，设置如图 3-230 所示，单击"确定"按钮，完成参考线的创建，效果如图 3-231 所示。用相同的方法，在 288 像素（距离上方参考线 120 像素）的位置新建一条水平参考线，效果如图 3-232 所示。

图 3-230　　　　　　　　图 3-231　　　　　　　　图 3-232

（9）选择"椭圆"工具 **○.**，按住 Shift 键的同时，在图像窗口中适当的位置绘制圆形。在属性栏中将"填充"颜色设为黑色，"描边"颜色设为无，效果如图 3-233 所示，在"图层"面板中生成新的形状图层"椭圆 1"。单击属性栏中的"路径操作"按钮 **▫**，在弹出的菜单中选择"排除重叠形状"，按住 Alt+Shift 组合键的同时，在图像窗口中拖曳鼠标绘制圆形，效果如图 3-234 所示。

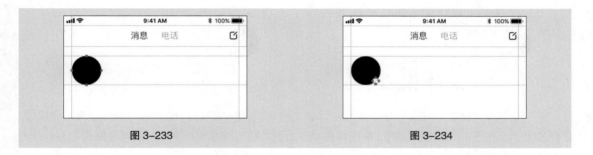

图 3-233　　　　　　　　　　　　　　　　　　图 3-234

（10）选择"文件 > 置入嵌入对象"命令，弹出"置入嵌入的对象"对话框，选择云盘中的"Ch03 > 素材 > 制作侃侃 App > 制作侃侃 App 消息列表页 > 03"文件，单击"置入"按钮，将图片置入到图像窗口中。将其拖曳到适当的位置并调整其大小，按 Enter 键确认操作，效果如图 3-235 所示，在"图层"面板中生成新的图层并将其命名为"头像 1"。按 Alt+Ctrl+G 组合键，为"头像 1"图层创建剪贴蒙版，效果如图 3-236 所示。

（11）选择"椭圆"工具 ⬭.，在属性栏中将"填充"颜色设为绿色（44、197、50），按住 Shift 键的同时，在图像窗口中适当的位置绘制圆形，在"图层"面板中生成新的形状图层"椭圆 2"，效果如图 3-237 所示。

图 3-235　　　　　　　　　　　图 3-236　　　　　　　　　　图 3-237

（12）选择"横排文字"工具 **T.**，在适当的位置输入需要的文字并选取文字，在"字符"面板中将"颜色"设为黑色，其他选项的设置如图 3-238 所示，按 Enter 键确认操作，效果如图 3-239 所示，在"图层"面板中生成新的文字图层。

（13）用相同的方法，在适当的位置输入需要的文字并选取文字，在"字符"面板中将"颜色"设为浅蓝色（136、145、164），其他选项的设置如图 3-240 所示，按 Enter 键确认操作，效果如图 3-241 所示，在"图层"面板中生成新的文字图层。使用相同的方法输入其他文字，效果如图 3-242 所示。

图 3-238　　　　　　　　　　　图 3-239　　　　　　　　　　图 3-240

图 3-241　　　　　　　　　　　　　　　　　图 3-242

（14）选择"椭圆"工具 ，在属性栏中将"填充"颜色设为粉红色（254、32、66），"描边"颜色设为无，按住 Shift 键的同时，在图像窗口中适当的位置绘制圆形，在"图层"面板中生成新的形状图层"椭圆 3"，效果如图 3-243 所示。

（15）选择"横排文字"工具 **T.**，在适当的位置输入需要的文字并选取文字，在"字符"面板中将"颜色"设为白色，其他选项的设置如图 3-244 所示，按 Enter 键确认操作，在"图层"面板中生成新的文字图层，效果如图 3-245 所示。按住 Shift 键的同时，选中"椭圆 1"图层，按 Ctrl+G 组合键，群组图层并将其命名为"田恩瑞"。

图 3-243　　　　　　　　　　图 3-244　　　　　　　　　　图 3-245

（16）选择"视图 > 新建参考线"命令，弹出"新建参考线"对话框，在 318 像素（距离上方参考线 30 像素）的位置新建一条参考线，设置如图 3-246 所示，单击"确定"按钮，完成参考线的创建，如图 3-247 所示。使用上述方法制作其他人物栏，效果如图 3-248 所示。

图 3-246　　　　　　　　　　图 3-247　　　　　　　　　　图 3-248

（17）选择"圆角矩形"工具 ，在属性栏中将"填充"颜色设为白色，在距离上方圆角矩形 30 像素的位置绘制圆角矩形，在"图层"面板中生成新的形状图层"圆角矩形 1"。在"属性"面板中设置参数，如图 3-249 所示，按 Enter 键确认操作，效果如图 3-250 所示。

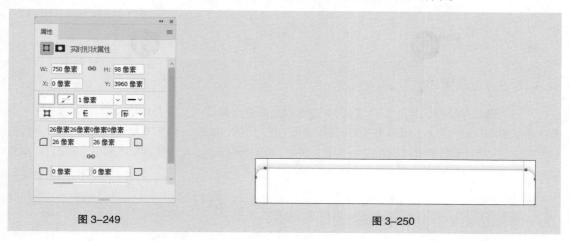

图 3-249   图 3-250

（18）单击"图层"面板下方的"添加图层样式"按钮 $fx.$ ，在弹出的菜单中选择"投影"命令，弹出对话框，将阴影颜色设为黑色，其他选项的设置如图 3-251 所示，单击"确定"按钮，效果如图 3-252 所示。

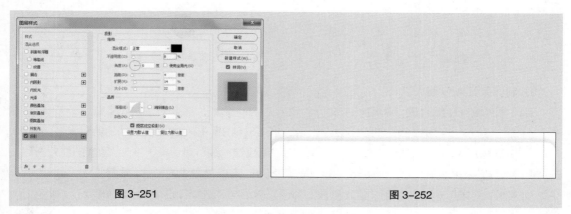

图 3-251   图 3-252

（19）在"02"图像窗口中选中"主页"图层，选择"移动"工具 $\oplus$ ，将其拖曳到图像窗口中适当的位置并调整其大小，效果如图 3-253 所示，在"图层"面板中生成新的形状图层"主页"。选择"椭圆"工具 $\bigcirc$ ，按住 Shift 键的同时，在图像窗口中适当的位置绘制圆形，在属性栏中将"填充"颜色设为黑色，"描边"颜色设为无，在"图层"面板中生成新的形状图层"椭圆 7"，效果如图 3-254 所示。

图 3-253   图 3-254

（20）用相同的方法拖曳其他需要的形状到适当的位置，效果如图 3-255 所示。选择"椭圆"工具 $\bigcirc$ ，按住 Shift 键的同时，在图像窗口中适当的位置绘制圆形。在属性栏中将"填充"颜色设为红色（255、0、0），"描边"颜色设为无，效果如图 3-256 所示，在"图层"面板中生成新的形状图层"椭圆 8"。

图 3-255   图 3-256

（21）选择"横排文字"工具 **T,**，在适当的位置输入需要的文字并选取文字，在"字符"面板中将"颜色"设为白色，其他选项的设置如图 3-257 所示，按 Enter 键确认操作，在"图层"面板中生成新的文字图层，效果如图 3-258 所示。按住 Shift 键的同时，选中"圆角矩形 1"图层，将需要的图层全部选取，按 Ctrl+G 组合键，群组图层并将其命名为"标签栏"。侃侃 App 消息列表页制作完成。

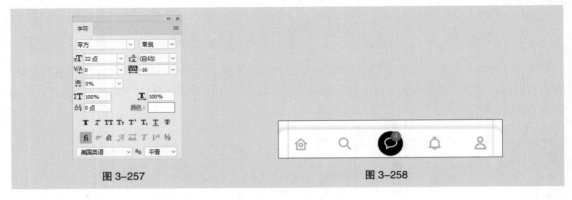

图 3-257   图 3-258

5. 制作侃侃 App 聊天页

（1）按 Ctrl+N 组合键，新建一个文件，宽度为 750 像素，高度为 1 334 像素，分辨率为 72 像素/英寸，背景内容为白色，如图 3-259 所示，单击"创建"按钮，完成文档的新建。

（2）选择"视图 > 新建参考线"命令，弹出"新建参考线"对话框，在 40 像素的位置新建一条水平参考线，设置如图 3-260 所示，单击"确定"按钮，完成参考线的创建。选择"文件 > 置入嵌入对象"命令，弹出"置入嵌入的对象"对话框，选择云盘中的"Ch03 > 素材 > 制作侃侃 App > 制作侃侃 App 消息聊天页 > 01"文件，单击"置入"按钮，将图片置入到图像窗口中。将其拖曳到适当的位置，按 Enter 键确认操作，效果如图 3-261 所示，在"图层"面板中生成新的图层并将其命名为"状态栏"。

慕课视频

制作侃侃
App 聊天页

图 3-259   图 3-260   图 3-261

（3）选择"视图 > 新建参考线"命令，弹出"新建参考线"对话框，在 128 像素（距离上方参考线 88 像素）的位置新建一条水平参考线，设置如图 3-262 所示，单击"确定"按钮，完成参考线的创建，效果如图 3-263 所示。用相同的方法再次在 32 像素的位置创建一条垂直参考线，设置如图 3-264 所示，单击"确定"按钮，完成参考线的创建，效果如图 3-265 所示。

图 3-262　　　　　　　图 3-263　　　　　　　图 3-264　　　　　　　图 3-265

（4）用相同的方法，在 718 像素（距离右侧 32 像素）的位置新建一条垂直参考线，效果如图 3-266 所示。

（5）按 Ctrl + O 组合键，打开云盘中的"Ch03> 素材 > 制作侃侃 App > 制作侃侃 App 消息聊天页 > 02"文件，选择"移动"工具 ✛，将"返回"图形拖曳到图像窗口中适当的位置并调整其大小，效果如图 3-267 所示，在"图层"面板中生成新的形状图层"返回"。

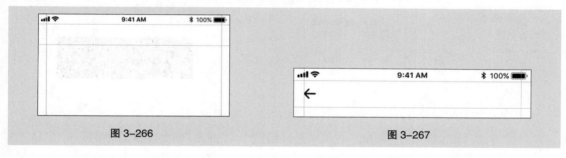

图 3-266　　　　　　　　　　　　　图 3-267

（6）选择"横排文字"工具 T.，在适当的位置输入需要的文字并选取文字，在"字符"面板中将"颜色"设为黑色，其他选项的设置如图 3-268 所示，按 Enter 键确认操作，效果如图 3-269 所示，在"图层"面板中生成新的文字图层。

（7）用相同的方法，在适当的位置输入需要的文字并选取文字，在"字符"面板中，将"颜色"设为浅蓝色（147、156、173），其他选项的设置如图 3-270 所示，按 Enter 键确认操作，效果如图 3-271 所示，在"图层"面板中生成新的文字图层。

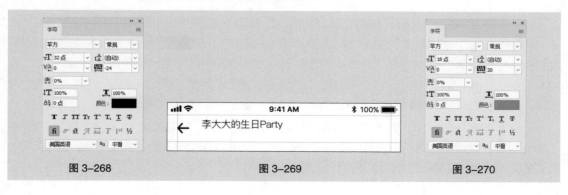

图 3-268　　　　　　　　　　图 3-269　　　　　　　　　　图 3-270

（8）在"02"图像窗口中，按住 Shift 键的同时，选中"相机"和"电话"图层。选择"移动"工具 ⊕，将"相机"和"电话"图形拖曳到图像窗口中适当的位置并调整其大小，效果如图 3-272 所示，在"图层"面板中生成新的形状图层"相机"和"电话"。按住 Shift 键的同时，选中"返回"图层，按 Ctrl+G 组合键，群组图层并将其命名为"导航栏"，如图 3-273 所示。

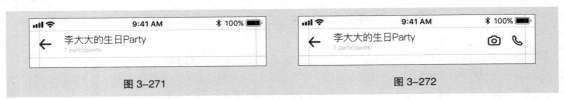

图 3-271   图 3-272

（9）选择"圆角矩形"工具 ▢，在属性栏中将"填充"颜色设为黑色，在图像窗口中适当的位置绘制圆角矩形，在"图层"面板中生成新的形状图层并将其命名为"文字底图"。在"属性"面板中设置参数，如图 3-274 所示，按 Enter 键确认操作，效果如图 3-275 所示。

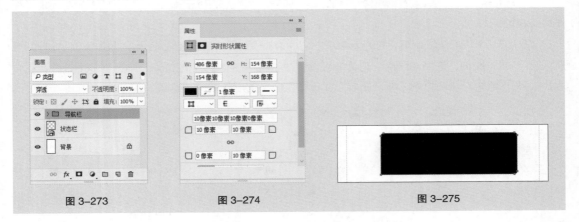

图 3-273   图 3-274   图 3-275

（10）选择"添加锚点"工具 ⬧，在图形上单击添加一个锚点，效果如图 3-276 所示。选择"直接选择"工具 ▷，选中左下角的锚点，按住 Shift 键的同时，向左拖曳鼠标，效果如图 3-277 所示。

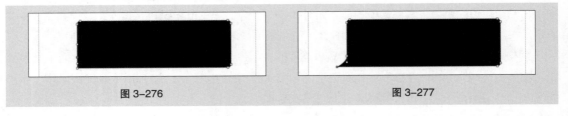

图 3-276   图 3-277

（11）单击"图层"面板下方的"添加图层样式"按钮 fx，在弹出的菜单中选择"渐变叠加"命令，弹出对话框，单击"渐变"选项右侧的"点按可编辑渐变"按钮 ▬▬▬，弹出"渐变编辑器"对话框，在"位置"选项中分别输入 0、100 两个位置点，分别设置两个位置点颜色的 RGB 值为 0（255、134、16）、100（254、44、60），如图 3-278 所示，单击"确定"按钮。返回到"渐变叠加"对话框，其他选项的设置如图 3-279 所示，单击"确定"按钮，效果如图 3-280 所示。

（12）选择"横排文字"工具 T，在适当的位置输入需要的文字并选取文字，在"字符"面板中将"颜色"设为白色，其他选项的设置如图 3-281 所示，按 Enter 键确认操作，效果如图 3-282 所示，在"图层"面板中生成新的文字图层。

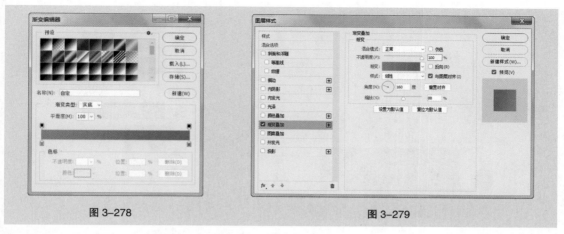

图 3-278　　　　　　　　　　　　　　　　　图 3-279

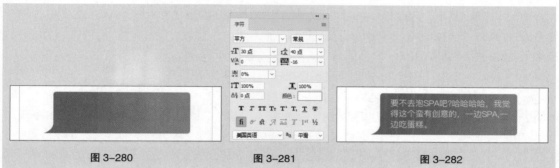

图 3-280　　　　　　　　　　图 3-281　　　　　　　　　　图 3-282

（13）选择"椭圆"工具 ，在属性栏中将"填充"颜色设为黑色，按住 Shift 键的同时，在图像窗口中适当的位置绘制圆形，效果如图 3-283 所示，在"图层"面板中生成新的形状图层"椭圆 1"。

（14）选择"文件 > 置入嵌入对象"命令，弹出"置入嵌入的对象"对话框，选择云盘中的"Ch03 > 素材 > 制作侃侃 App > 制作侃侃 App 消息聊天页 > 03"文件，单击"置入"按钮，将图片置入到图像窗口中。将其拖曳到适当的位置并调整其大小，按 Enter 键确认操作，效果如图 3-284所示，在"图层"面板中生成新的图层并将其命名为"头像 1"。

图 3-283　　　　　　　　　　　　　　　　　图 3-284

（15）按 Alt+Ctrl+G 组合键，为"头像 1"图层创建剪贴蒙版，效果如图 3-285 所示。按住Shift 键的同时，单击"文字底图"图层，将需要的图层同时选取，按 Ctrl+G 组合键，群组图层并将其命名为"内容 1"。使用上述方法制作"内容 2"~"内容 6"图层组（内容栏之间的间距为 30像素），效果如图 3-286 所示。按住 Shift 键的同时，将图层组同时选取，按 Ctrl+G 组合键，群组图层并将其命名为"内容区"。

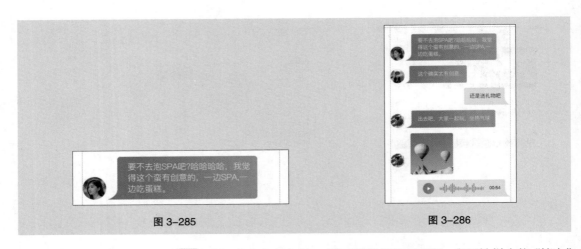

图 3-285　　　　　　　　　　　　　　　　图 3-286

（16）选择"矩形"工具 □，在距离上方内容栏 30 像素的位置绘制矩形，在属性栏中将"填充"颜色设为白色，效果如图 3-287 所示，在"图层"面板中生成新的形状图层"矩形 1"。

图 3-287

（17）单击"图层"面板下方的"添加图层样式"按钮 fx，在弹出的菜单中选择"投影"命令，弹出对话框。将阴影颜色设为黑色，其他选项的设置如图 3-288 所示，单击"确定"按钮，效果如图 3-289 所示。

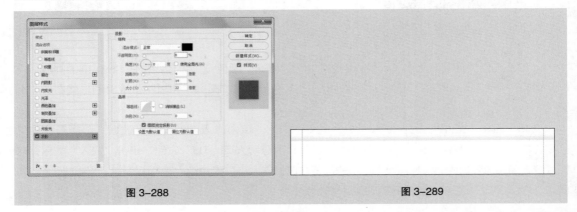

图 3-288　　　　　　　　　　　　　　　　图 3-289

（18）选择"圆角矩形"工具 □，在属性栏中将"半径"选项设置为 14 像素，在图像窗口中适当的位置绘制圆角矩形。在属性栏中将"填充"颜色设为浅蓝色（224、226、231），效果如图 3-290 所示，在"图层"面板中生成新的形状图层"圆角矩形 3"。

（19）在"02"图像窗口中选中"添加"图层，选择"移动"工具 ⊕，将其拖曳到图像窗口中适当的位置并调整其大小，效果如图 3-291 所示，在"图层"面板中生成新的形状图层"添加"。

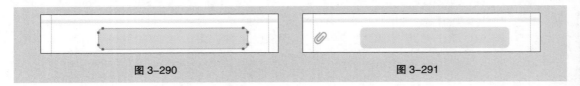

图 3-290　　　　　　　　　　　　　　　　图 3-291

（20）用相同的方法拖曳其他需要的形状到适当的位置，效果如图 3-292 所示。选择"横排文字"工具 T，在适当的位置输入需要的文字并选取文字，在"字符"面板中将"颜色"设为黑色，其他选项的设置如图 3-293 所示，按 Enter 键确认操作，效果如图 3-294 所示，在"图层"面板中生成新的文字图层。

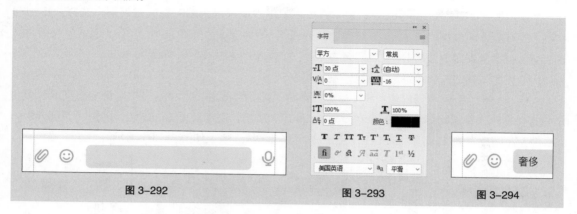

| 图 3-292 | 图 3-293 | 图 3-294 |

（21）选择"直线"工具 ✎，在属性栏中将"填充"颜色设为无，"描边"颜色设为黑色，将"粗细"选项设为 1 像素，按住 Shift 键的同时，在适当的位置拖曳鼠标绘制一条竖线，效果如图 3-295 所示，在"图层"面板中生成新的形状图层"形状 2"。

图 3-295

（22）按住 Shift 键的同时，单击"圆角矩形 6"图层，将需要的图层同时选取，按 Ctrl+G 组合键，群组图层并将其命名为"录音界面"。侃侃 App 聊天页制作完成。

侃侃 App 通知页制作步骤与聊天页类似，在此不赘述。读者可参照慕课视频进行操作。

6. 制作侃侃 App 个人中心页

（1）按 Ctrl+N 组合键，新建一个文件，宽度为 750 像素，高度为 1 334 像素，分辨率为 72 像素/英寸，背景内容为白色，如图 3-296 所示，单击"创建"按钮，完成文档的新建。

（2）选择"文件 > 置入嵌入对象"命令，弹出"置入嵌入的对象"对话框，选择云盘中的"Ch03 > 素材 > 制作侃侃 App > 制作侃侃 App 个人中心页 > 01"文件，单击"置入"按钮，将图片置入到图像窗口中。将其拖曳到适当的位置并调整其大小，按 Enter 键确认操作，效果如图 3-297 所示，在"图层"面板中生成新的图层并将其命名为"底图"。

慕课视频

制作侃侃 App
通知页

慕课视频

制作侃侃 App
个人中心页

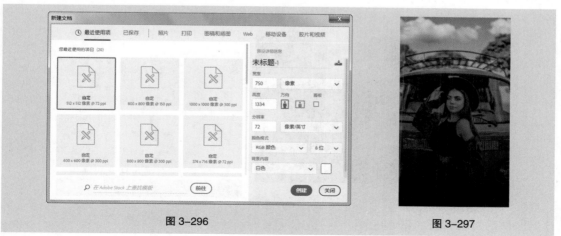

| 图 3-296 | 图 3-297 |

（3）选择"视图 > 新建参考线"命令，弹出"新建参考线"对话框，在 40 像素的位置新建一条水平参考线，设置如图 3-298 所示，单击"确定"按钮，完成参考线的创建。

（4）选择"文件 > 置入嵌入对象"命令，弹出"置入嵌入的对象"对话框，选择云盘中的"Ch03 > 素材 > 制作侃侃 App > 制作侃侃 App 个人中心页 > 02"文件，单击"置入"按钮，将图片置入到图像窗口中。将其拖曳到适当的位置，按 Enter 键确认操作，效果如图 3-299 所示，在"图层"面板中生成新的图层并将其命名为"状态栏"。

（5）选择"视图 > 新建参考线"命令，弹出"新建参考线"对话框，在 32 像素的位置新建一条垂直参考线，设置如图 3-300 所示，单击"确定"按钮，完成参考线的创建。用相同的方法，在 718 像素（距离右侧 32 像素）的位置新建一条垂直参考线，效果如图 3-301 所示。

图 3-298　　　　　　　　　图 3-299　　　　　　　　　图 3-300

（6）选择"横排文字"工具 T.，在适当的位置输入需要的文字并选取文字，在"字符"面板中将"颜色"设为白色，其他选项的设置如图 3-302 所示，按 Enter 键确认操作，效果如图 3-303 所示，在"图层"控制面板中生成新的文字图层。

图 3-301　　　　　　　　　图 3-302　　　　　　　　　图 3-303

（7）使用相同方法输入其他文字，效果如图 3-304 所示。按住 Shift 键的同时，单击"林樱"图层，将需要的图层同时选取，按 Ctrl+G 组合键，群组图层并将其命名为"个人简介"，如图 3-305 所示。

图 3-304　　　　　　　　　　　　　　图 3-305

（8）选择"圆角矩形"工具 ⬜.，在属性栏中将"填充"颜色设为白色，"半径"选项设置为

10 像素，在适当的位置绘制圆角矩形，效果如图 3-306 所示，在"图层"面板中生成新的形状图层"圆角矩形 1"。

（9）选择"横排文字"工具 **T.**，在适当的位置输入需要的文字并选取文字，在"字符"面板中将"颜色"设为黑色，其他选项的设置如图 3-307 所示，按 Enter 键确认操作，效果如图 3-308 所示，在"图层"面板中生成新的文字图层。

图 3-306　　　　　　　　　　图 3-307　　　　　　　　　　图 3-308

（10）选择"圆角矩形"工具 □，在属性栏中将"填充"颜色设为无，"描边"颜色设为白色，"描边宽度"设为 2 像素，"半径"选项设置为 10 像素，在适当的位置绘制圆角矩形，效果如图 3-309 所示，在"图层"面板中生成新的形状图层"圆角矩形 2"。

（11）按 Ctrl + O 组合键，打开云盘中的"Ch03> 素材 > 制作侃侃 App > 制作侃侃 App 个人中心页 > 03"文件。选择"移动"工具 **✛.**，将"设置"图形拖曳到图像窗口中适当的位置并调整其大小，效果如图 3-310 所示，在"图层"面板中生成新的形状图层"设置"。按住 Shift 键的同时，单击"圆角矩形 1"图层，将需要的图层全部选取，按 Ctrl+G 组合键，群组图层并将其命名为"编辑简介"。

图 3-309　　　　　　　　　　　　　图 3-310

（12）选择"横排文字"工具 **T.**，在适当的位置分别输入需要的文字并选取文字，在"字符"面板中将"颜色"设为白色，效果如图 3-311 所示，在"图层"面板中分别生成新的文字图层。

（13）选择"矩形"工具 □，在属性栏中将"填充"颜色设为粉红色（254、32、66），在图像窗口中适当的位置绘制矩形，效果如图 3-312 所示，在"图层"面板中生成新的形状图层"矩形 1"。按住 Shift 键的同时，单击"文字"图层，将需要的图层全部选取，按 Ctrl+G 组合键，群组图层并将其命名为"文字"。

图 3-311　　　　　　　　　　　　　图 3-312

（14）选择"圆角矩形"工具 ，在图像窗口中适当的位置绘制圆角矩形，在属性栏中将"填充"颜色设为白色，在"图层"面板中生成新的形状图层"圆角矩形3"。在"属性"面板中设置参数，如图3-313所示，按Enter键确认操作，效果如图3-314所示。

图 3-313　　　　　　　　　　　　图 3-314

（15）单击"图层"面板下方的"添加图层样式"按钮 fx.，在弹出的菜单中选择"投影"命令，弹出对话框，将阴影颜色设为黑色，其他选项的设置如图3-315所示，单击"确定"按钮，效果如图3-316所示。

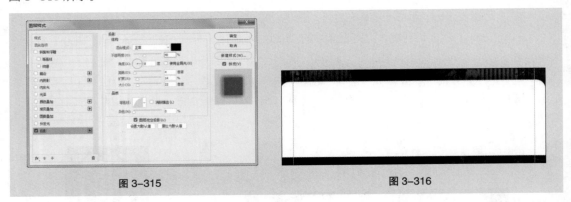

图 3-315　　　　　　　　　　　　图 3-316

（16）选择"椭圆"工具 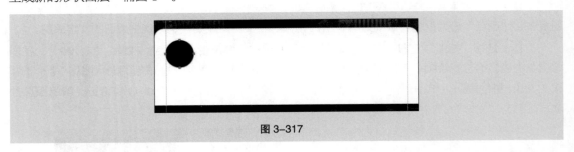，按住Shift键的同时，在图像窗口中适当的位置绘制圆形，在属性栏中将"填充"颜色设为黑色，"描边"颜色设为无，效果如图3-317所示，在"图层"面板中生成新的形状图层"椭圆1"。

图 3-317

（17）单击"图层"面板下方的"添加图层样式"按钮 fx.，在弹出的菜单中选择"渐变叠加"命令，弹出对话框，单击"渐变"选项右侧的"点按可编辑渐变"按钮，弹出"渐变编辑器"对话框，在"位置"选项中分别输入0、100两个位置点，分别设置两个位置点颜色的RGB值为0（255、

134、16）、100（254、44、60），如图 3-318 所示，单击"确定"按钮。返回到"渐变叠加"对话框，其他选项的设置如图 3-319 所示，单击"确定"按钮，效果如图 3-320 所示。

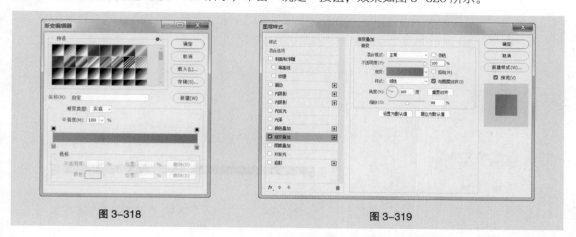

图 3-318   图 3-319

（18）选择"椭圆"工具 ⬭，按住 Alt+Shift 组合键的同时，在图像窗口中适当的位置绘制圆形，效果如图 3-321 所示。按住 Shift 键的同时，再次绘制一个圆形，在"图层"面板中生成新的形状图层"椭圆 2"，效果如图 3-322 所示。

图 3-320

（19）选择"文件 > 置入"命令，弹出"置入嵌入的对象"对话框，选择云盘中的"Ch03 > 素材 > 制作侃侃 App > 制作侃侃 App 个人中心页 > 04"文件，单击"置入"按钮，将图片置入到图像窗口中，将其拖曳到适当的位置并调整其大小，按 Enter 键确认操作，效果如图 3-323 所示，在"图层"面板中生成新的图层并将其命名为"头像 1"。按 Alt+Ctrl+G 组合键，为"头像 1"图层创建剪贴蒙版，效果如图 3-324 所示。

图 3-321   图 3-322   图 3-323   图 3-324

（20）用上述方法添加文字和形状，效果如图 3-325 所示，按住 Shift 键的同时，单击"圆角矩形 3"图层，将需要的图层全部选取，按 Ctrl+G 组合键，群组图层并将其命名为"林樱"。按住 Shift 键的同时，单击"个人简介"图层组，将需要的图层组全部选取，按Ctrl+G组合键，群组图层，

图 3-325

并将其命名为"内容区"。

（21）选择"圆角矩形"工具 ，在适当的位置绘制圆角矩形，在属性栏中将"填充"颜色设为白色。在"属性"面板中设置参数，如图 3-326 所示，按 Enter 键确认操作，效果如图 3-327 所示，在"图层"面板中生成新的形状图层"圆角矩形 4"。

图 3-326　　　　　　　　　　　　　　　图 3-327

（22）单击"图层"面板下方的"添加图层样式"按钮 ，在弹出的菜单中选择"投影"命令，弹出对话框，将阴影颜色设为黑色，其他选项的设置如图 3-328 所示，单击"确定"按钮，效果如图 3-329 所示。

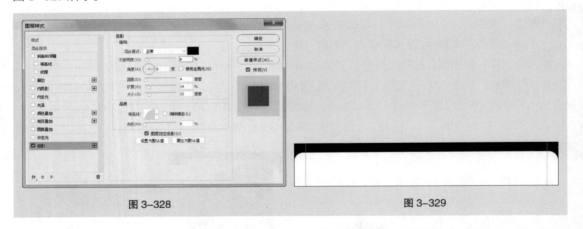

图 3-328　　　　　　　　　　　　　　　图 3-329

（23）在"03"图像窗口中选中"主页"图层，选择"移动"工具 ，将其拖曳到图像窗口中适当的位置并调整其大小，在"图层"面板中生成新的形状图层"主页"。使用相同的方法拖曳其他需要的形状到适当的位置并调整其大小，效果如图 3-330 所示，在"图层"面板中分别生成新的形状图层。

（24）选择"椭圆"工具 ，按住 Shift 键的同时，在图像窗口中适当的位置绘制圆形，在属性栏中将"填充"颜色设为黑色，"描边"颜色设为无，效果如图 3-331 所示，在"图层"面板中生成新的形状图层"椭圆 3"。

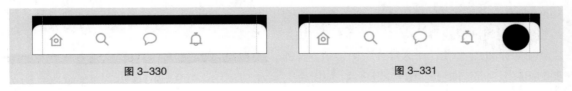

图 3-330　　　　　　　　　　　　　　　图 3-331

（25）用上述方法拖曳需要的形状到适当的位置并调整其大小，效果如图 3-332 所示。选择"椭圆"工具 ○.，在属性栏中将"填充"颜色设为红色（255、0、0），按住 Shift 键的同时，在图像窗口中适当的位置绘制圆形，效果如图 3-333 所示，在"图层"面板中生成新的形状图层"椭圆 4"。

图 3-332   图 3-333

（26）选择"横排文字"工具 T.，在适当的位置输入需要的文字并选取文字，在"字符"面板中将"颜色"设为白色，其他选项的设置如图 3-334 所示，按 Enter 键确认操作，在"图层"面板中生成新的文字图层，效果如图 3-335 所示。

图 3-334   图 3-335

（27）按住 Shift 键的同时，单击"圆角矩形 2"图层，将需要的图层组全部选取，按 Ctrl+G 组合键，群组图层，并将其命名为"标签栏"。侃侃 App 个人中心页制作完成。

提示：其他 6 个页面的效果在资源中体现。

3.5 课堂练习——制作 Shine App

【案例学习目标】学习使用不同的绘制工具绘制图形，使用图层样式添加特殊效果，应用"移动"工具移动装饰图片来制作 App 界面。

【案例知识要点】使用"直线"工具、"椭圆"工具和"圆角矩形"工具绘制图形，使用"渐变叠加"命令为图形添加效果，使用"剪贴蒙版"命令为图片添加蒙版，使用"横排文字"工具输入文字，效果如图 3-336 所示。

【效果所在位置】云盘 /Ch03/ 效果 / 制作 Shine App。

图 3-336

3.6 课后习题——制作 Circle App

【案例学习目标】学习使用不同的绘制工具绘制图形，使用图层样式添加特殊效果，应用"移动"工具移动装饰图片来制作 App 界面。

【案例知识要点】使用"直线"工具、"椭圆"工具和"圆角矩形"工具绘制图形，使用"渐变叠加"命令为图形添加效果，使用"剪贴蒙版"命令为图片添加蒙版，使用"横排文字"工具输入文字，效果如图 3-337 所示。

【效果所在位置】云盘 /Ch03/ 效果 / 制作 Circle App。

制作 Circle App 欢迎页

制作 Circle App 登录页

制作 Circle App 注册页

制作 Circle App 首页

制作 Circle App 设置页

制作 Circle App 搜索页

图 3-337

制作 Circle App 图文详情页　制作 Circle App 评论页　制作 Circle App 消息列表页　制作 Circle App 聊天页　制作 Circle App 通知页　制作 Circle App 我的页

第4章

网页界面设计

▶ **学习引导**

  由于设备的不同，网页界面设计相对于 App 界面设计，有着更加丰富的内容。本章对网页界面的基础知识、设计规范、常用类型及绘制方法进行了系统讲解与演练。通过本章的学习，读者可以对网页界面设计有一个基本的认识，并快速掌握绘制网页常用界面的规范和方法。

学习目标

知识目标

- 了解网页界面设计的基础知识
- 掌握网页界面设计的规范
- 认识网页常用界面类型

能力目标

- 掌握家居类网站——首页的绘制方法
- 掌握家居类网站——产品列表页的绘制方法
- 掌握家居类网站——产品详情页的绘制方法

素养目标

- 培养能够与他人有效沟通的合作能力
- 培养能够有效执行计划的能力
- 培养能够有效解决问题的科学思维能力

慕课视频

网页界面设计

4.1 网页界面设计的基础知识

网页界面设计的基础知识包括网页界面设计的概念、网页界面设计的流程及网页界面设计的原则。

4.1.1 网页界面设计的概念

网页界面设计（Web UI design，WUI）主要是根据企业希望向用户传递的信息进行网站功能策划，然后进行页面设计美化的工作。网页界面设计涵盖了制作和维护网站的许多不同的技能和学科，包含信息架构设计、网页图形设计、用户界面设计、用户体验设计，以及品牌标识设计和 Banner 设计等，如图 4-1 所示。

图 4-1 意大利设计师 Giorgio Sannino 创作的网页

4.1.2 网页界面设计的流程

网页界面的设计流程可以按照网站策划、交互设计、交互自查、界面设计、界面测试、设计验证的步骤来进行，如图 4-2 所示。

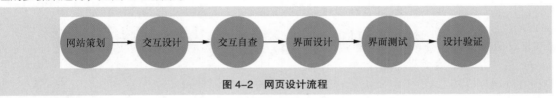

图 4-2 网页设计流程

1．网站策划

网页界面的设计是根据品牌的调性、网站的定位来进行的，不同主题的网页，设计风格也会有所区别，如图 4-3 所示。因此，我们要先分析需求及功能，了解用户特征，再进行相关竞品的调研，明确设计方向。

图 4-3　不同风格网页展示

2．交互设计

交互设计是对整个网站设计进行初步构思和确定的环节。一般需要进行架构设计、流程图设计、低保真原型设计、线框图设计等具体工作，如图 4-4 所示。为了方便后续的界面设计工作，低保真原型和线框图的设计与制作应直接在视觉设计软件 Photoshop 或 Sketch 中进行。

图 4-4　英国视觉设计师 Filippo Chiumiento 创作的网站低保真原型设计图

3．交互自查

交互设计完成之后，进行交互自查是整个网页设计流程中非常重要的一个阶段，可以在进行界面设计之前检查出是否有遗漏缺失的细节问题，具体可以参考 App 界面设计中的交互自查。

4．界面设计

线框图审查通过后，就可以进入界面的视觉设计阶段了，这个阶段的设计图就是产品最终呈现给用户的界面。界面设计要求设计规范，图片、文字内容真实，并运用 Axure、Principle 等软件或直接运用代码语言制作成可交互的高保真原型，以便进行后续的界面测试，如图 4-5 所示。

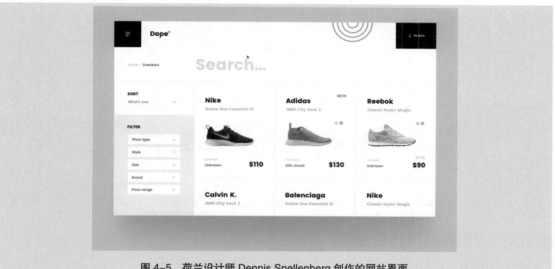

图 4-5　荷兰设计师 Dennis Snellenberg 创作的网站界面

5．界面测试

界面测试阶段是让具有代表性的用户进行典型操作，设计人员和开发人员在此阶段共同观察、记录。在测试中可以对设计的细节进行相关的调整，如图 4-6 所示。

图 4-6　Twitter 经过测试中的改版，提供了夜间模式的支持

6．设计验证

设计验证是最后一个阶段，是为网站进行优化的重要支撑。在网站正式上线后，通过用户的数据反馈进行记录，验证前期的设计，并继续优化，如图 4-7 所示。

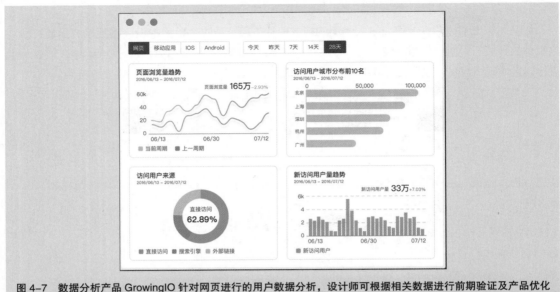

图 4-7　数据分析产品 GrowingIO 针对网页进行的用户数据分析，设计师可根据相关数据进行前期验证及产品优化

4.1.3　网页界面设计的原则

网页界面设计有直截了当、简化交互、足不出户、提供邀请、巧用过渡、即时反应 6 大原则。

1．直截了当

直截了当原则即"所见即所得"的直接操作原则。例如，让用户不要为了编辑内容而打开另一个页面，直接在页面内实现编辑，如图 4-8 所示。

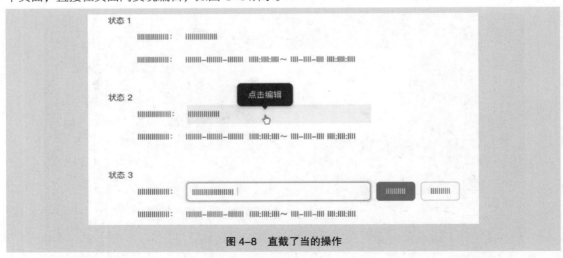

图 4-8　直截了当的操作

2．简化交互

充分理解用户的意图，令用户操作简便，不给用户带来麻烦。通过使用页面内容中的操作工具，使操作和内容更好地融合，从而简化交互，如图 4-9 所示。

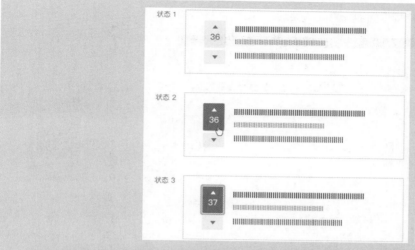

图 4-9　将交互操作和信息内容进行了更好的融合。在状态 1 中信息内容左侧设计了一个可单击的控件，当鼠标指针悬停时，变成了状态 2，此时鼠标指针变为手型，底色也发生了变化，提醒用户进行单击。当用户单击后，变成了状态 3，此时和未单击前的状态有了明显的不同

3．足不出户

任何页面频繁刷新和跳转都会引起盲视，打断用户心流（英语：Flow，是一种将个人精神力完全投注在某种活动上的感觉），可适当地运用覆盖层、嵌入层、虚拟页面及流程处理等方法，如图 4-10 所示。

4．提供邀请

邀请是用于引导用户进入下一个交互层次的暗示和提醒。例如，"拖放""行内编辑""上下文工具"等一大堆交互需要处理时，都面临容易被用户忽视的问题。所以，向用户提供预期功能邀请、引导操作邀请及白板式邀请等是顺利完成人机交互的关键，如图 4-11 所示。

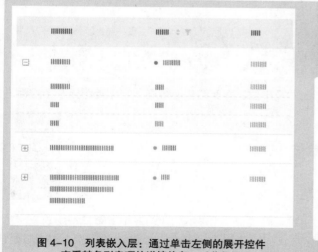

图 4-10　列表嵌入层：通过单击左侧的展开控件
查看某条列表项的详情信息，以此保证
用户不必跳转页面，打断心流

图 4-11　白板式邀请：在没有活动时，通过
醒目的按钮邀请用户创建活动

5．巧用过渡

在界面中，可适当地加入一些翻转、传送带及滑入滑出等过渡效果，如图 4-12 所示，能让界面

生动有趣，同时也能向用户揭示界面元素间的关系。

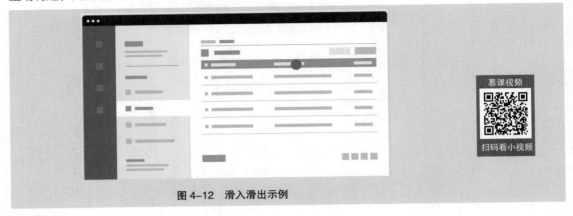

图 4-12　滑入滑出示例

6. 即时反应

即时反应是用户进行了操作或者内部数据发生了变化，系统立即给出对应的反馈，如自动完成、实时建议、实时搜索等工具经过适当组合，如图 4-13 所示，就能为用户带来高度灵敏的界面。

图 4-13　实时搜索：随着用户的输入，实时显示搜索结果

4.2　网页界面设计的规范

网页界面设计的基础规范可以通过设计尺寸及单位、界面结构、布局、字体及图标 5 个方面进行详尽的剖析。

4.2.1　网页界面设计的尺寸及单位

1. 相关单位

（1）英寸

英寸（inch，in）是英式的长度单位，一般 1 英寸 =2.54 厘米。许多显示设备经常用英寸来表示大小。目前主流的台式机显示器尺寸一般为 21.5、24、27、32 英寸，目前主流的笔记本电脑尺寸一般为 13.3 英寸、14 英寸、15.6 英寸，如图 4-14 所示。

（2）像素

像素（pixel，px）是组成屏幕画面最小的点。把屏幕中的图像无限放大，会发现图像是由一个个小点组成的，这些小点就是像素。使用 Photoshop 软件设计界面的网页设计师使用的单位都是

px，如图 4-15 所示。

图 4-14　27 英寸的 iMac（左）与 15.6 英寸的 MacBook Pro（右）

图 4-15　在 Photoshop 中设置网页界面的单位

（3）分辨率

分辨率（resolution）即屏幕中像素的数量，它等于画面水平方向的像素值 × 画面垂直方向的像素值。屏幕尺寸一样的情况下，分辨率越高，显示效果就越精细和细腻，如 14 英寸屏幕的分辨率是 1 366 px×768 px，也有的是 1 920 px×1 080 px，如图 4-16 所示。1 920 px×1 080 px 的显示效果会比 1 366 px×768 px 的好。

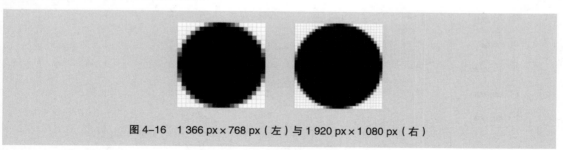

图 4-16　1 366 px×768 px（左）与 1 920 px×1 080 px（右）

2．设计尺寸

（1）页面宽度

网页中常见的尺寸及使用分布比例如图 4-17 所示。在进行界面设计时，结合市场占有率及为了能够适应宽度至少为 1 920 px 的屏幕，都是以 1 920 px×1 080 px 为基准进行设计的。使用

Photoshop 推荐创建宽度为 1 920 px 尺寸的画布，高度根据网页的要求设定即可。

只要设计出 1 920 px 宽度 PC 端的设计稿，我们就可以通过前端实现响应式设计，适配移动设备，满足用户浏览需求了。遇到如电商类网站等比较复杂的功能性网站时，需要单独设计移动端网页。此时，宽度以 iPhone 6/6s/7/8 为基准，设为 750 px，方便所有移动设备的适配。

（2）安全宽度

安全宽度即内容安全区域，是一个承载页面元素的固定宽度值，目的是确保网页在不同计算机的分辨率下都可以正常显示页面中的元素。在宽度为 1 920 px 的设计尺寸中，常用安全宽度如图 4-18 所示。

其中，Bootstrap 是前端的开发框架，因此除淘宝、天猫和京东等平台具有固定的安全宽度以外，其他网站在 1 920 px 的网页尺寸上设置的安全宽度通常采用 Bootstrap 4.x 的安全宽度 1 200 px。

屏幕宽度（px）	屏幕最小高度（px）	使用分布比例
1 920	1 080	19.22%
1 366	768	17.59%
1 536	864	5.38%
360	640	4.68%
1 600	900	4.67%
1 440	900	4.52%
1 024	768	3.71%
1 360	768	3.19%
1 280	1 024	3.04%
1 280	720	2.82%

图 4-17　屏幕分辨率（Screen Resolution）统计

常用平台	淘宝	天猫	京东	Bootstrap 3.x	Bootstrap 4.x
安全宽度	950 px	990 px	990 px	1170 px	1 200 px

图 4-18　宽度为 1 920 px 的设计中的安全宽度

（3）首屏高度

当用户打开电脑或移动设备的浏览器时，在不滚动屏幕的情况下，第一眼看到的画面就是首屏高度。通常，首屏以上的页面关注度为 80.3%，首屏以下的页面关注度仅有 19.7%，因此首屏对网站设计有着极大的重要性。首屏高度需要去掉浏览器菜单栏及状态栏的高度，如图 4-19 所示。

浏览器	状态栏	菜单栏	滚动条	市场份额(国内)
Chrome 浏览器	22 px（浮动出现）	60 px	15 px	8%
火狐浏览器	20 px	132 px	15 px	1%
IE浏览器	24 px	120 px	15 px	35%
360 浏览器	24 px	140 px	15 px	28%
遨游浏览器	24 px	147 px	15 px	1%
搜狗浏览器	25 px	163 px	15 px	5%

图 4-19　常用浏览器的状态栏、菜单栏高度

如果以 1 080 px 为基准，除掉任务栏，浏览器菜单栏及状态栏后的高度，作为设计稿的首屏高度，到了其他分辨率较低的屏幕上，图片的核心内容会因屏幕太矮而被剪裁掉。因此，综合分辨率及浏览器的统计数据，首屏高度建议为 710 px，核心内容安全高度建议为 580 px，如图 4-20 所示。

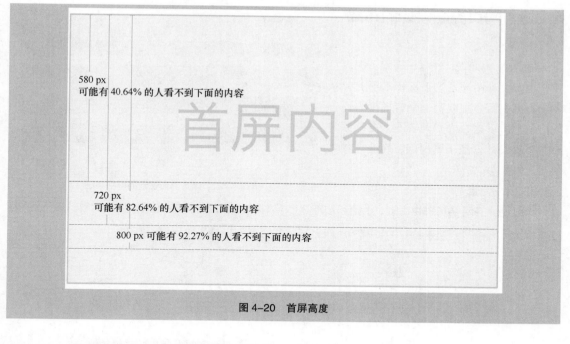

图 4-20　首屏高度

4.2.2　网页界面设计的界面结构

　　网页界面主要由页头、内容主体、页脚组成。其中，页头包含了网站标识、导航等元素；内容主体包含了横幅和内容相关的信息；页脚包含了导航、版权声明等元素，如图 4-21 所示。

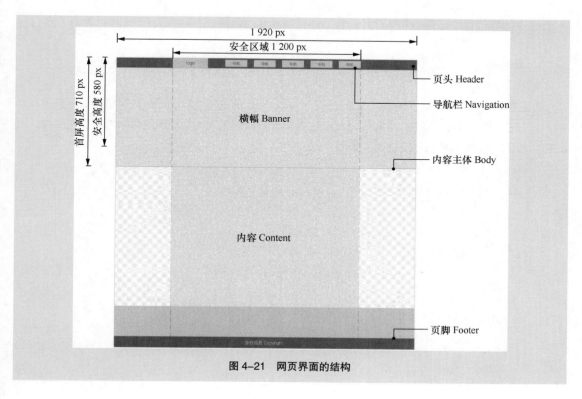

图 4-21　网页界面的结构

4.2.3　网页界面设计的布局

1. 网格系统

与 App 界面设计一样，在网页中，我们也可以利用一系列垂直和水平的参考线，将页面分割成若干个有规律的列或格子，再以这些格子为基准，进行页面的布局设计，使布局规范、简洁、有秩序，如图 4-22 所示。

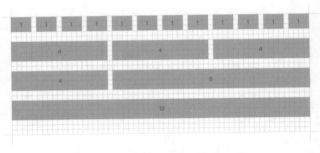

图 4-22　网页界面设计的网格系统

2. 组成元素

网页设计的网格系统也由列、水槽和边距 3 个元素组成，如图 4-23 所示。列是内容放置的区域。水槽是列与列之间的距离，有助于分离内容。边距是内容与屏幕左右边缘之间的距离。

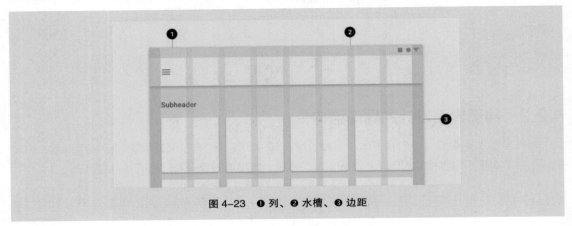

图 4-23　❶ 列、❷ 水槽、❸ 边距

3. 网格的运用

（1）单元格

常见的 PC 端网页的最小单位有 4、6、8、10、12，目前主流计算机设备的屏幕分辨率在竖直与水平方向基本都可以被 8 整除，同时以 8 px 作为单元格，视觉上也是能感受到较为明显的差异，因此推荐使用 8 px 作为单元格的边长，如图 4-24 所示。

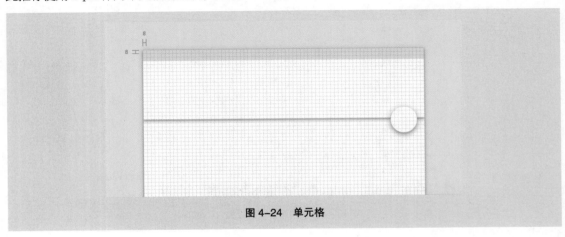

图 4-24　单元格

（2）列

PC 端常用的为 12 列和 24 列，如图 4-25 所示。12 列在前端开发开源工具库 Bootstrap 与 Foundation 中广泛使用，适用于业务信息分组较少的中后台页面设计。24 列适用于业务信息量大、信息分组较多的中后台页面设计。移动端网页则对应以 6 列和 12 列为主。

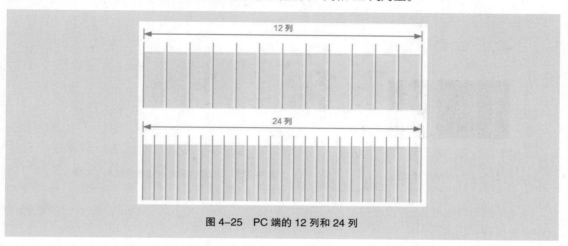

图 4-25　PC 端的 12 列和 24 列

另外，列也可以不根据单元格来设置，其数量的选择应结合网页的功能类型。其中，单列通常在简洁图文排版的全屏设计时使用，双列常在博客、产品列表中使用，多列常用于瀑布流、图片展示等领域，如图 4-26 所示。

图 4-26　单列（左）、双列（中）、多列（右）网页

（3）水槽

水槽及横向间距的宽度可以依照最小单元格 8 px 为增量进行统一设置，如 8 px、16 px、24 px、32 px、40 px。其中，24 px 最为常用，如图 4-27 所示。

移动端网页可根据 App 设计规范，一般有 24 px、30 px、32 px、40 px，建议采用 32 px 水槽。

（4）边距

边距的设置通常是水槽的 0、0.5、1.0、1.5、2.0 等倍数。以 1 920 px 为例的设计稿，网格系统一般在 1 200 px 的安全区域内进行建立，此时内容与屏幕左右边缘已经有了一定距离，边距可以根据画面美观度及呼吸感进行选择，如图 4-28 所示。

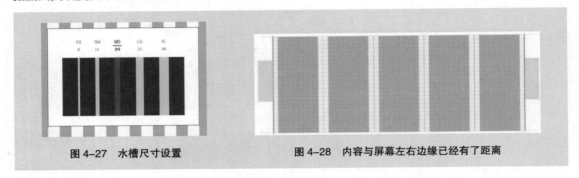

图 4-27　水槽尺寸设置　　　　　　　图 4-28　内容与屏幕左右边缘已经有了距离

移动端网页可根据 App 设计规范，一般有 20 px、24 px、30 px、32 px、40 px 及 50 px，建议采用 30 px 边距。

4.2.4　网页界面设计的字体

1. 安全字体

Web 安全字体是用户系统中自带的字体，如 Windows 系统的微软雅黑、Mac 系统的苹方等。另外，CSS 定义了 5 种通用字体系列：Serif 字体、Sans-serif 字体、Monospace 字体、Cursive 字体、Fantasy 字体。设计师可以大胆采用 Web 安全字体，常见的 Web 安全字体如图 4-29 所示。

Windows系统	MacOS系统	非衬线安全字体 Sans Serif Web Safe Fonts	衬线安全字体 Serif Web Safe Fonts	等宽安全字体 Monospace Web Safe Fonts
微软雅黑 Microsoft YaHei	苹方 PingFang SC	Helvetica	Georgia	Menlo
黑体 SimHei	冬青黑体 Hiragino Sans GB	Arial	Times	Monaco
宋体 SimSun	华文细黑 STHeiti Light, ST Xihei	Tahoma	Times New Roman	Lucida Console
新宋体 NSimSun	华文黑体 STHeiti	Trebuchet MS	Palatino	Courier
仿宋 FangSong	华文楷体 STKaiti	Verdana	Palatino Linotype	Courier New
楷体 KaiTi	华文宋体 STSong	Arial Black	Garamond	Consolas
仿宋_GB2312	华文仿宋 STFangsong	Impact	Bookman	
楷体_GB2312		Charcoal	Book Antiqua	
		Geneva		
		Gadget		
		Lucida Sans Unicode		
		Lucida Grande		
		Comic Sans MS		
		cursive		

图 4-29　根据开发优先级、设计美观度，从高到低进行排列

设计师在进行视觉设计时，中文通常使用微软雅黑、宋体、苹方，英文和数字通常使用 Serif 字体中的 Helvetica、Arial 及 Sans-serif 字体中的 Georgia、Times New Roman。

2．字号大小

基于用户计算机显示器阅读距离（50 cm）及最佳阅读角度（0.3），14 px 字号能够保证用户在多数常用显示器上的阅读效率最佳，如图 4-30 所示。

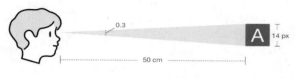

图 4-30　字号大小的选择

我们以 14 px 字号为默认字体，并运用不同的字号和字重体现网页中的视觉信息层次，如图 4-31 所示。

Display3	32pt Regular	我是字体 ABCDEFGH 0123456789
Display2	24pt Regular	我是字体 ABCDEFGH 0123456789
Display1	20pt Regular	我是字体 ABCDEFGH 0123456789
Headline	16pt Bold	我是字体 ABCDEFGH 0123456789
Title	14pt Bold	我是字体 ABCDEFGH 0123456789
Body2	14pt Regular	我是字体 ABCDEFGH 0123456789
Body1	12pt Regular	我是字体 ABCDEFGH 0123456789
Caption	12pt Regular	我是字体 ABCDEFGH 0123456789

图 4-31　不同的字号和字重

3．文字行高

不同的字号应设置对应的行高，这样才可以维持网页中字体的秩序美，如图 4-32 所示。

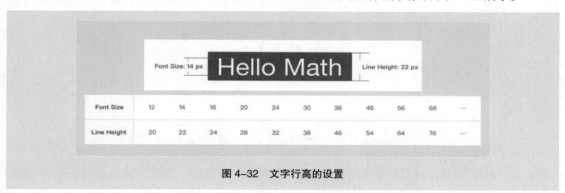

Font Size	12	14	16	20	24	30	38	46	56	68	...
Line Height	20	22	24	28	32	38	46	54	64	76	...

图 4-32　文字行高的设置

4.2.5　网页界面设计的图标

1．设计尺寸

通常，我们在 1 024 px×1 024 px 的画板中进行制作，并留出 64 px 的边距，如图 4-33 所示，保证不同面积的图标有协调一致的视觉效果。

Ant Design 提供了 6 种图标设计中最常用的基本形式供网页设计师参考，以方便设计师快速地调用并在此基础上做变形，如图 4-34 所示。

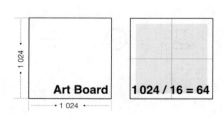

图 4-33　图片来源于 Ant Design

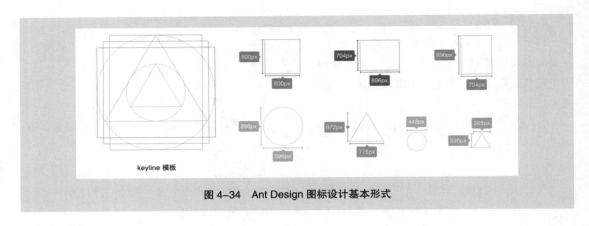

图 4-34　Ant Design 图标设计基本形式

2．设计元素

Ant Design 中将最常见的基本元素归纳为点、线、圆角、三角。基本元素在使用上的尺寸如图 4-35 所示。

点	线	圆角	三角
...	...	/	...
80	56	8	144
96	64	16	216
112	72	32	240
128	80	...	264
...	...		...

图 4-35　Ant Design 中的基本元素及尺寸

● 点：Ant Design 建议，在点的尺寸选择上保持 16 的倍数这一原则。常用点的 4 种尺寸分别为 80、96、112、128，如图 4-36 所示。

● 线：Ant Design 在线条之间的关系采用 8 的倍数原则。常用线的 4 种尺寸分别为 56、64、72、80，如图 4-37 所示。

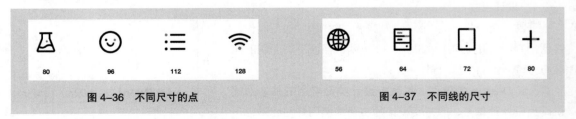

图 4-36　不同尺寸的点　　　　图 4-37　不同线的尺寸

● 圆角：Ant Design 对于圆角采取的也是 8 的倍数原则，最常用的 3 种规格分别为 8、16、32。其中图标内角保持直角的处理方式，如图 4-38 所示。

- 三角：Ant Design 中的角度受到美式战斗机 F-14tomcat 的启发，将常用的角度定在约 76°，如图 4-39 所示。

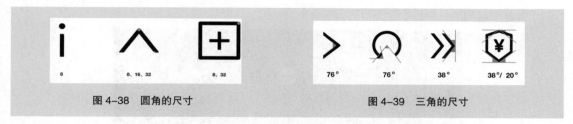

图 4-38　圆角的尺寸　　　　　　　　　　图 4-39　三角的尺寸

Ant Design 除了定义角度，对图标中实心箭头的尺寸也做了调整。在顶角大约保持 76° 的基础上，宽度保持 8 倍数的原则，间隔为 24，如图 4-40 所示。

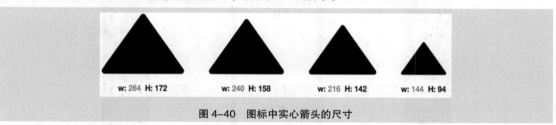

图 4-40　图标中实心箭头的尺寸

3. 视觉平衡

Ant Design 在图标造型、摆放角度及留白空间 3 个方面，通过对基本元素规格上的微调来达到图标的平衡感。

（1）图标造型

弯曲的线条在视觉上比竖直的线条看起来细，因此需要在 72 px 尺寸的圆形外边框上进行 4 px 的微调，如图 4-41 所示。

（2）摆放角度

倾斜的线条同样在视觉上会比竖直的线条看起来细，因此也对倾斜的线条进行 4 px 的微调，如图 4-42 所示。

图 4-41　图标造型带来的微调　　　　　　图 4-42　摆放角度带来的微调

（3）留白空间

当图形的留白不足时，可通过调整线条的粗细来平衡视觉重量，如图 4-43 所示。

图 4-43　留白空间带来的微调

4．使用原则

为支持响应式设计，交付前端的图标，尽量使用 SVG 矢量格式图标。或者将图标直接上传到 iconfont 中，让前端直接调用图标字体，如图 4-44 所示。

图 4-44　iconfont 阿里巴巴矢量图标库

4.3　网页常用界面类型

网页界面设计是影响整个网站用户体验的关键所在。在网页设计中，常用界面类型为首页、列表页、详情页、专题页、控制台页及表单页。

1．首页

网站首页，又称为网站主页，通常是用户通过搜索引擎访问网站时所看到的首张页面。首页是用户了解网站的第一步，通常会包含产品展示图、产品介绍信息、用户登录注册入口等，如图 4-45 所示。

2．列表页

列表页，又称为"List 页"，是对信息进行归类管理，方便用户快速查看基本信息及操作的页面。在列表页中，设计的关键在于信息的可阅读性及可操作性，如图 4-46 所示。

慕课视频

网页常用界面
类型

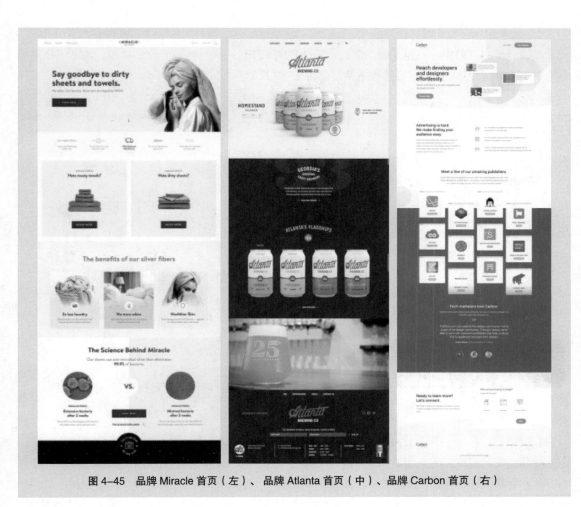

图 4-45　品牌 Miracle 首页（左）、品牌 Atlanta 首页（中）、品牌 Carbon 首页（右）

图 4-46　瑞典电商设计师 Jake Sunshine（左）、波兰设计师 Michael Korwin（中）、
波兰设计师 Michal Parulski（右）创作的列表页

3. 详情页

详情页是产品信息的主要承载页面，对于信息效率和优先级判定有一定的要求。清晰的布局能令用户快速看到关键信息，提高决策效率，如图 4-47 所示。

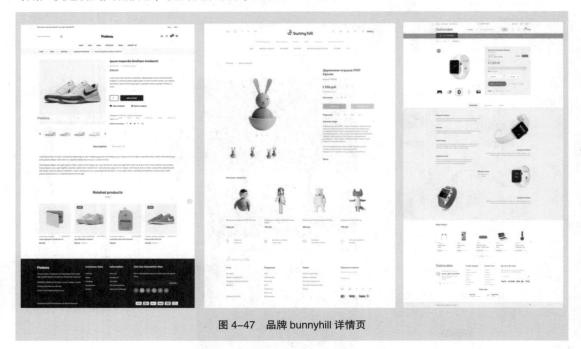

图 4-47　品牌 bunnyhill 详情页

4. 专题页

专题页是针对特定的主题制作的页面，包括网站的相应模块、频道所涉及的功能及该主题事件的内容。专题页信息丰富、设计精美，会吸引大量用户，如图 4-48 所示。

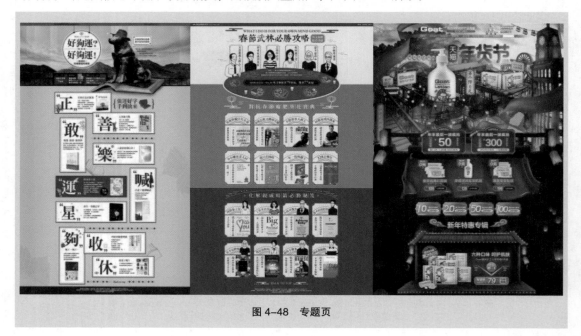

图 4-48　专题页

5. 控制台页

控制台页，又称为"Dashboard"，集合了数字、图形及文案等大量多样化的信息，需要一目了然地将关键信息展示给用户。在控制台页中，设计的关键是精简、清晰地向用户展示庞大、复杂的信息，如图 4-49 所示。

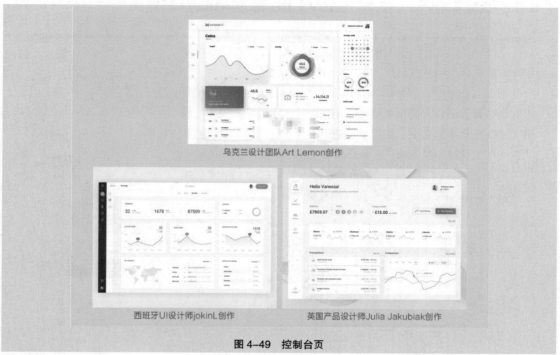

乌克兰设计团队Art Lemon创作

西班牙UI设计师jokinL创作　　　　　英国产品设计师Julia Jakubiak创作

图 4-49　控制台页

6. 表单页

表单页通常用来执行登录、注册、预定、下单、评论等任务，是产品中数据录入必不可少的页面模式。舒适的表单设计，可以引导用户高效地完成表单的工作流程，如图 4-50 所示。

由印度尼西亚UI/UX设计师Mahisa Dyan Diptya创作

由立陶宛UI/UX设计师Drasius M.创作　　　　由立陶宛UI/UX设计师Simon Alexander创作

图 4-50　表单页

4.4 课堂案例——制作 Easy Life 家居电商网站

4.4.1 课堂案例——制作 Easy Life 家居电商网站首页

【案例学习目标】学习使用绘图工具、文字工具和图层蒙版制作家居电商类网站首页。

【案例知识要点】使用"矩形"工具添加底图颜色，使用"置入"命令置入图片，使用图层蒙版调整图片显示区域，使用"横排文字"工具添加文字，使用"多边形"工具、"星形"工具和"直线"工具绘制基本形状，最终效果如图 4-51 所示。

【效果所在位置】云盘 /Ch04/ 效果 / 制作 Easy Life 家居电商网站 / 制作 Easy Life 家居电商网站首页 .psd。

制作 Easy Life
家居电商网站
首页 1

制作 Easy Life
家居电商网站
首页 2

制作 Easy Life
家居电商网站
首页 3

制作 Easy Life
家居电商网站
首页 4

制作 Easy Life
家居电商网站
首页 5

图 4-51

1. 制作注册栏及导航栏

（1）按 Ctrl+N 组合键，新建一个文件，宽度为 1 920 像素，高度为 5 380 像素，分辨率为 72 像素 / 英寸，背景内容为白色，如图 4-52 所示，单击"创建"按钮，完成文档的新建。

（2）选择"视图 > 新建参考线版面"命令，弹出"新建参考线版面"对话框，设置如图 4-53 所示。单击"确定"按钮，完成参考线的创建。

（3）选择"视图 > 新建参考线"命令，弹出"新建参考线"对话框，在 40 像素的位置新建一条水平参考线，设置如图 4-54 所示，单击"确定"按钮，完成参考线的创建，效果如图 4-55 所示。

（4）选择"横排文字"工具 T.，在适当的位置输入需要的文字并选取文字。选择"窗口 > 字符"命令，弹出"字符"面板，在面板中将"颜色"设为灰色（59、59、59），其他选项的设置如图 4-56 所示，按 Enter 键确认操作，效果如图 4-57 所示。用相同的方法在适当的位置分别输入需要的文字，效果如图 4-58 所示，在"图层"面板中分别生成新的文字图层。

Photoshop CC UI 设计案例教程（全彩慕课版）

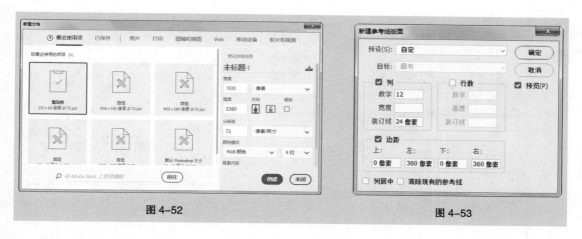

图 4-52   图 4-53

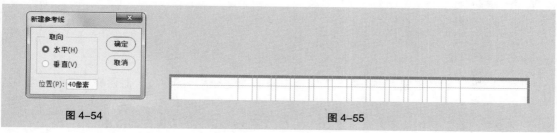

图 4-54   图 4-55

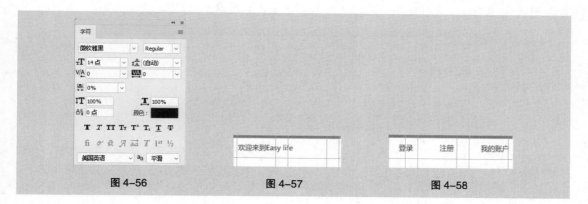

图 4-56   图 4-57   图 4-58

（5）选择"直线"工具 ✎ ，在属性栏的"选择工具模式"选项中选择"形状"，将"填充"颜色设为无，"描边"颜色设为灰色（131、128、128），"粗细"选项设为 1 像素。按住 Shift 键的同时，在图像窗口中适当的位置绘制直线，如图 4-59 所示，在"图层"面板中生成新的形状图层"形状 1"。

（6）选择"移动"工具 ✛ ，按住 Alt+Shift 组合键的同时，将直线向左拖曳至适当的位置，复制图形，效果如图 4-60 所示，在"图层"面板中生成新的形状图层"形状 1 拷贝"。

（7）按住 Shift 键的同时，单击"欢迎来到 Easy life"图层，将需要的图层同时选取，按 Ctrl+G 组合键，群组图层并将其命名为"注册栏"，如图 4-61 所示。

（8）选择"视图 > 新建参考线"命令，弹出"新建参考线"对话框，在 180 像素（距离上方参考线 140 像素）的位置新建一条水平参考线，设置如图 4-62 所示，单击"确定"按钮，完成参考线的创建，效果如图 4-63 所示。

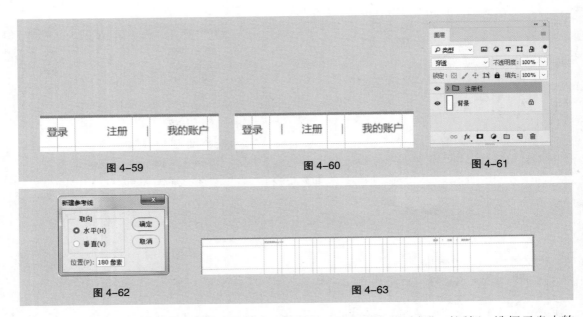

图 4-59　　　　　　　　图 4-60　　　　　　　　图 4-61

图 4-62　　　　　　　　　　　图 4-63

（9）选择"文件 > 置入嵌入对象"命令，弹出"置入嵌入的对象"对话框，选择云盘中的"Ch04 > 素材 > 制作 Easy Life 家居电商网站 > 制作 Easy Life 家居电商网站首页 > 01"文件，单击"置入"按钮，将图片置入到图像窗口中。将其拖曳到适当的位置并调整其大小，按 Enter 键确认操作，效果如图 4-64 所示，在"图层"面板中生成新的图层并将其命名为"logo"。

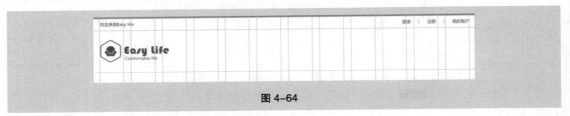

图 4-64

（10）选择"横排文字"工具 **T.**，在适当的位置输入需要的文字并选取文字。在"字符"面板中将"颜色"设为橙黄色（195、135、73），其他选项的设置如图 4-65 所示，按 Enter 键确认操作。用相同的方法在适当的位置分别输入需要的文字，并将其填充为灰色（59、59、59），效果如图 4-66所示，在"图层"面板中分别生成新的文字图层。

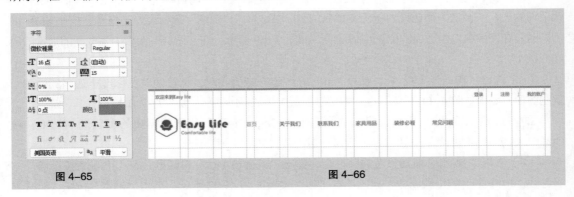

图 4-65　　　　　　　　　　　图 4-66

（11）选择"矩形"工具 □.，在属性栏中将"填充"颜色设为无，"描边"颜色设为灰色（52、

52、52），"粗细"选项设为1像素。按住Shift键的同时，在图像窗口中适当的位置绘制矩形，如图4-67所示，在"图层"面板中生成新的形状图层"矩形1"。

（12）选择"移动"工具 ⊕，按住 Alt+Shift 组合键的同时，将矩形向右拖曳至适当的位置，复制图形，效果如图4-68所示，在"图层"面板中生成新的形状图层"矩形1拷贝"。

（13）按 Ctrl + O 组合键，打开云盘中的"Ch04 > 素材 > 制作 Easy Life 家居电商网站 > 制作 Easy Life 家居电商网站首页 > 02"文件，选择"移动"工具 ⊕，将"搜索"图形拖曳到图像窗口中适当的位置并调整其大小，效果如图4-69所示，在"图层"面板中生成新的形状图层"搜索"。

图 4-67　　　　　　　　图 4-68　　　　　　　　图 4-69

（14）在"02"图像窗口中选择"移动"工具 ⊕，选中"购物车"图层，将其拖曳到图像窗口中适当的位置并调整其大小，效果如图4-70所示，在"图层"面板中生成新的形状图层"购物车"。

（15）选择"多边形"工具 ◎，在属性栏中将"边"选项设为6。按住 Shift 键的同时，在图像窗口中适当的位置绘制多边形，在属性栏中将"填充"颜色设为灰色（52、52、52），"描边"颜色设为无。如图4-71所示，在"图层"面板中生成新的形状图层"多边形1"。

图 4-70　　　　　　　　　　　　　　图 4-71

（16）选择"横排文字"工具 T，在适当的位置输入需要的文字并选取文字。在"字符"面板中将"颜色"设为白色，其他选项的设置如图4-72所示，按 Enter 键确认操作，效果如图4-73所示，在"图层"面板中生成新的文字图层。

（17）按住 Shift 键的同时，单击"logo"图层，将需要的图层同时选取，按 Ctrl+G 组合键，群组图层并将其命名为"导航栏"，如图4-74所示。

图 4-72　　　　　　　　图 4-73　　　　　　　　图 4-74

2. 制作 Banner 区域

（1）选择"视图 > 新建参考线"命令，弹出"新建参考线"对话框，在 1 020 像素（距离上方参考线 840 像素）的位置新建一条水平参考线，设置如图 4-75 所示，单击"确定"按钮，完成参考线的创建，效果如图 4-76 所示。

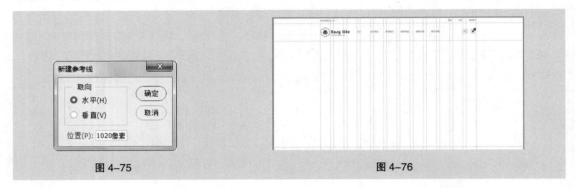

图 4-75　　　　　　　　　　　　　　　　　　　图 4-76

（2）选择"矩形"工具 □，在属性栏中的"选择工具模式"选项中选择"形状"，将"填充"颜色设为浅灰色（245、245、245），"描边"颜色设为无。在距离上方图形 78 像素的位置绘制矩形，在"图层"面板中生成新的形状图层并将其命名为"矩形 2"，如图 4-77 所示。

（3）按 Ctrl + O 组合键，打开云盘中的"Ch04 > 素材 > 制作 Easy Life 家居电商网站 > 制作 Easy Life 家居电商网站首页 > 03"文件，选择"移动"工具 ⊕，将图片拖曳到图像窗口中适当的位置并调整其大小，效果如图 4-78 所示，在"图层"面板中生成新的图层"图层 1"。

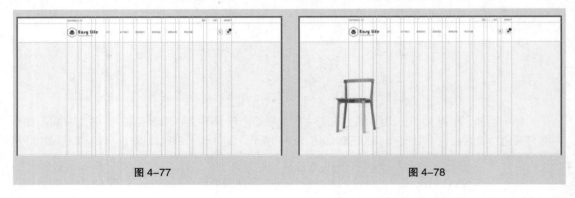

图 4-77　　　　　　　　　　　　　　　　　　　图 4-78

（4）选择"矩形"工具 □，在属性栏中将"填充"颜色设为无，"描边"颜色设为白色，"粗细"选项设为 14 像素。在图像窗口中适当的位置绘制矩形，如图 4-79 所示，在"图层"面板中生成新的形状图层并将其命名为"白色边框"。

（5）单击"图层"面板下方的"添加图层蒙版"按钮 ▢，为"白色边框"图层添加图层蒙版。将前景色设为黑色。选择"画笔"工具 ✏，在属性栏中单击"画笔"选项，在弹出的面板中选择需要的画笔形状和大小，如图 4-80 所示，在图像窗口中拖曳鼠标擦除不需要的图像，效果如图 4-81 所示。

（6）选择"横排文字"工具 T，在适当的位置输入需要的文字并选取文字。在"字符"面板中将"颜色"设为灰色（73、73、74），其他选项的设置如图 4-82 所示，按 Enter 键确认操作，在"图层"面板中生成新的文字图层。用相同的方法在适当的位置输入橙黄色（195、135、73）和灰色（73、

73、74）文字，效果如图 4-83 所示。

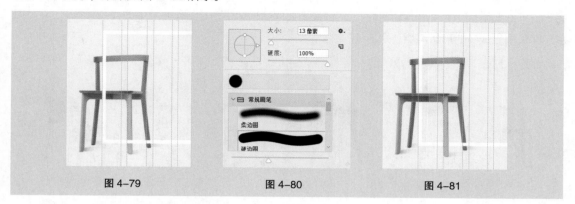

图 4-79　　　　　　　　　　图 4-80　　　　　　　　　　图 4-81

（7）选择"矩形"工具 □.，在属性栏中将"描边"颜色设为深灰色（8、1、2），"粗细"选项设为 1 像素。在图像窗口中适当的位置绘制矩形，如图 4-84 所示，在"图层"面板中生成新的形状图层"矩形 3"。

图 4-82　　　　　　　　　　图 4-83　　　　　　　　　　图 4-84

（8）选择"横排文字"工具 T.，在适当的位置输入需要的文字并选取文字，在"字符"面板中将"颜色"设为灰色（73、73、74），其他选项的设置如图 4-85 所示，按 Enter 键确认操作，效果如图 4-86 所示，在"图层"面板中生成新的文字图层。

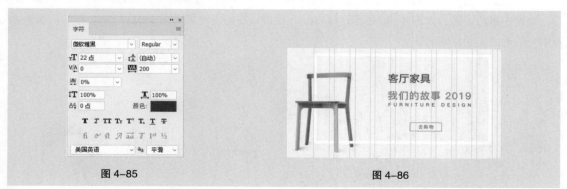

图 4-85　　　　　　　　　　　　　　图 4-86

（9）按 Ctrl + O 组合键，打开云盘中的"Ch04 > 素材 > 制作 Easy Life 家居电商网站 > 制作 Easy Life 家居电商网站首页 > 04"文件，选择"移动"工具 ⊕.，将图片拖曳到图像窗口中适当的位置并调整其大小，效果如图 4-87 所示，在"图层"面板中生成新的图层"图层 2"。

（10）选择"矩形"工具 ▢，在属性栏中将"填充"颜色设为橙黄色（195、135、73），"描边"颜色设为无。按住 Shift 键的同时，在图像窗口中适当的位置绘制矩形，如图 4-88 所示，在"图层"面板中生成新的形状图层"矩形 4"。

图 4-87　　　　　　　　　　　　　　　图 4-88

（11）选择"横排文字"工具 T，在适当的位置输入需要的文字并选取文字，在"字符"面板中将"颜色"设为白色，其他选项的设置如图 4-89 所示，按 Enter 键确认操作，效果如图 4-90 所示，在"图层"面板中生成新的文字图层。

图 4-89　　　　　　　　　　　　　　　图 4-90

（12）选择"横排文字"工具 T，在适当的位置输入需要的文字并选取文字，在"字符"面板中将"颜色"设为白色，其他选项的设置如图 4-91 所示，按 Enter 键确认操作。选择"¥"文字，在"字符"面板中进行设置，如图 4-92 所示，按 Enter 键确认操作，效果如图 4-93 所示，在"图层"面板中分别生成新的文字图层。

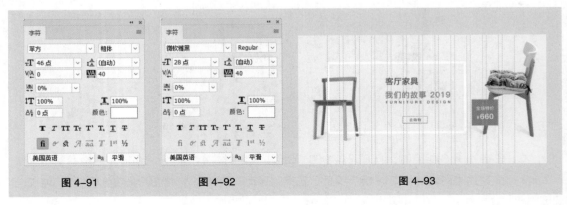

图 4-91　　　　　　图 4-92　　　　　　　　　　图 4-93

（13）按住 Shift 键的同时，单击"矩形 2"图层，将需要的图层同时选取，按 Ctrl+G 组合键，群组图层并将其命名为"Banner"，如图 4-94 所示。

3．制作内容区域 1

（1）选择"视图 > 新建参考线"命令，弹出"新建参考线"对话框，在 4 664 像素（距离上方参考线 3 644 像素）的位置新建一条水平参考线，设置如图 4-95 所示，单击"确定"按钮，完成参考线的创建，效果如图 4-96 所示。

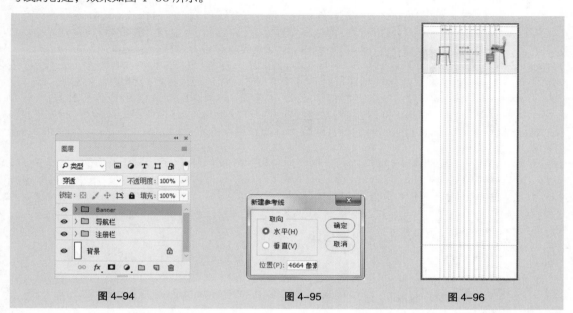

图 4-94　　　　　　　　　　图 4-95　　　　　　　　　　图 4-96

（2）在"02"图像窗口中，选择"移动"工具 ⊕，选中"送货"图层，将其拖曳到图像窗口中适当的位置并调整其大小，效果如图 4-97 所示，在"图层"面板中生成新的形状图层"送货"。

图 4-97

（3）选择"横排文字"工具 **T**，在适当的位置输入需要的文字并选取文字，在"字符"面板中将"颜色"设为灰色（73、73、74），其他选项的设置如图 4-98 所示，按 Enter 键确认操作，在"图层"面板中生成新的文字图层。用相同的方法在适当的位置输入需要的浅灰色（169、171、177）文字，效果如图 4-99 所示。

（4）按住 Shift 键的同时，选择"送货"图层，将需要的图层同时选取，按 Ctrl+G 组合键，群组图层并将其命名为"免费送货"，如图 4-100 所示。用相同的方法制作"免费退货"和"全天服务"图层组，如图 4-101 所示，效果如图 4-102 所示。

图 4-98   图 4-99   图 4-100

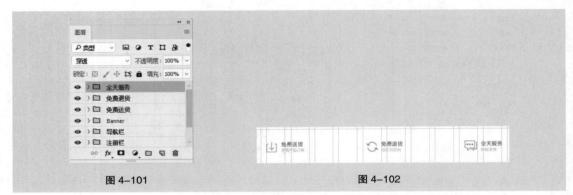

图 4-101   图 4-102

（5）选择"直线"工具 ⟋，在属性栏的"选择工具模式"选项中选择"形状"，将"填充"颜色设为无，"描边"颜色设为灰色（160、160、160），"粗细"选项设为 1 像素。按住 Shift 键的同时，在图像窗口中适当的位置绘制直线，如图 4-103 所示，在"图层"面板中生成新的形状图层"形状 2"。

图 4-103

（6）选择"横排文字"工具 **T.**，在适当的位置输入需要的文字并选取文字，在"字符"面板中将"颜色"设为灰色（73、73、74），其他选项的设置如图 4-104 所示，按 Enter 键确认操作，效果如图 4-105 所示，在"图层"面板中生成新的文字图层。

（7）在"02"图像窗口中，选择"移动"工具 ✛，选中"间隔"图层，将其拖曳到图像窗口中适当的位置并调整其大小，效果如图 4-106 所示，在"图层"面板中生成新的形状图层"间隔"。

（8）选择"钢笔"工具 ⌀，在属性栏中将"填充"颜色设为无，"描边"颜色设为灰色（160、160、160），"粗细"选项设为 1 像素。按住 Shift 键的同时，在图像窗口中适当的位置绘制直线，如图 4-107 所示，在"图层"面板中生成新的形状图层"形状 3"。

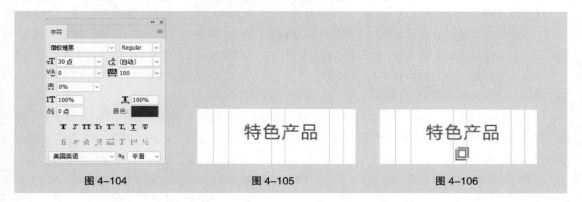

图 4-104   图 4-105   图 4-106

（9）选择"移动"工具 ⊕，按住 Alt+Shift 组合键的同时，将直线向下拖曳至适当的位置，复制直线，效果如图 4-108 所示，在"图层"面板中生成新的形状图层"形状 3 拷贝"。

（10）按住 Shift 键的同时，单击"形状 3"图层，将需要的图层同时选取，按 Ctrl+G 组合键，群组图层并将其命名为"组 1"。按住 Alt+Shift 组合键的同时，将直线向右拖曳至适当的位置，复制直线，效果如图 4-109 所示，在"图层"面板中生成新的图层组"组 1 拷贝"，如图 4-110 所示。

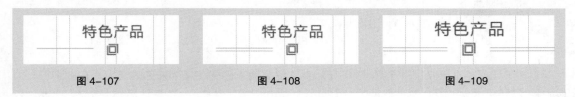

图 4-107   图 4-108   图 4-109

（11）选择"横排文字"工具 T，在适当的位置输入需要的文字并选取文字，在"字符"面板中将"颜色"设为灰色（73、73、74），其他选项的设置如图 4-111 所示，按 Enter 键确认操作，效果如图 4-112 所示，在"图层"面板中生成新的文字图层。

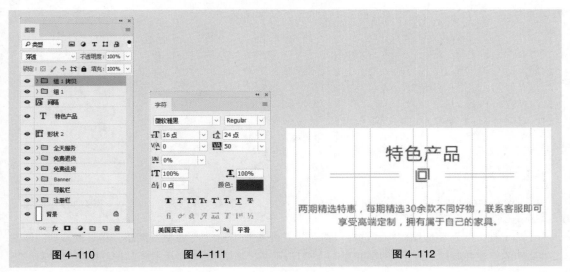

图 4-110   图 4-111   图 4-112

（12）选择"矩形"工具 ▢，在属性栏中将"填充"颜色设为橙黄色（195、135、73），"描边"颜色设为无。在图像窗口中适当的位置绘制矩形，如图 4-113 所示，在"图层"面板中生成新的形状图层"矩形5"。

（13）选择"文件>置入嵌入对象"命令，弹出"置入嵌入的对象"对话框，选择云盘中的"Ch04>素材>制作Easy Life家居电商网站>制作Easy Life家居电商网站首页>05"文件，单击"置入"按钮，将图片置入到图像窗口中。将其拖曳到适当的位置并调整其大小，按Enter键确认操作，在"图层"面板中生成新的图层并将其命名为"特色1"。按Alt+Ctrl+G组合键，为"特色1"图层创建剪贴蒙版，图像效果如图4-114所示。

（14）选择"矩形"工具 □，在属性栏中将"填充"颜色设为橙黄色（195、135、73），"描边"颜色设为无。在图像窗口中适当的位置绘制矩形，如图4-115所示，在"图层"面板中生成新的形状图层"矩形6"。

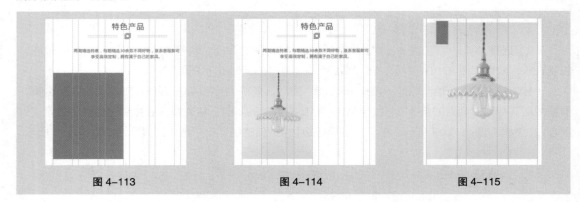

图4-113　　　　　　　図4-114　　　　　　　図4-115

（15）选择"直排文字"工具 ↓T，在适当的位置输入需要的文字并选取文字，在"字符"面板中将"颜色"设为白色，其他选项的设置如图4-116所示，按Enter键确认操作，效果如图4-117所示，在"图层"面板中生成新的文字图层。

（16）选择"横排文字"工具 T，在适当的位置输入需要的文字并选取文字，在"字符"面板中将"颜色"设为灰色（89、89、89），其他选项的设置如图4-118所示，按Enter键确认操作，效果如图4-119所示，在"图层"面板中生成新的文字图层。

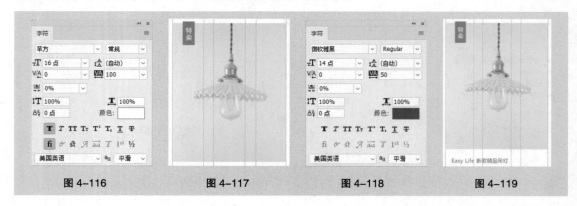

图4-116　　　　　　　图4-117　　　　　　　图4-118　　　　　　　图4-119

（17）在"02"图像窗口中，选择"移动"工具 ✛，选中"五颗星"图层，将其拖曳到图像窗口中适当的位置并调整其大小，效果如图4-120所示，在"图层"面板中生成新的形状图层"五颗星"。

（18）选择"横排文字"工具 T，在适当的位置输入需要的文字并选取文字，在"字符"面板中将"颜色"设为橙黄色（194、133、72），其他选项的设置如图4-121所示，按Enter键确认操作。用相同的方法在适当的位置输入需要的浅灰色（133、132、132）文字，在"图层"面板中分别生成新的文字图层，效果如图4-122所示。

图 4-120   图 4-121   图 4-122

（19）按住Shift键的同时，单击"Easy Life 新款精品吊灯"图层，将需要的图层同时选取，按Ctrl+G组合键，群组图层并将其命名为"产品介绍"，如图4-123所示。按住Shift键的同时，单击"矩形4"图层，将需要的图层同时选取，按Ctrl+G组合键，群组图层并将其命名为"产品1"，如图4-124所示。用相同的方法制作"产品2"图层组，效果如图4-125所示。

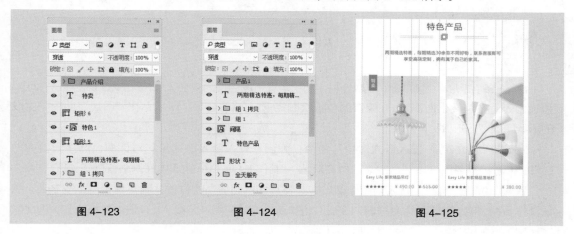

图 4-123   图 4-124   图 4-125

（20）选择"矩形"工具 ▢ ，在图像窗口中适当的位置绘制矩形，如图4-126所示，在"图层"面板中生成新的形状图层"矩形7"。

（21）选择"文件 > 置入嵌入对象"命令，弹出"置入嵌入的对象"对话框，选择云盘中的"Ch04 > 素材 > 制作 Easy Life 家居电商网站 > 制作 Easy Life 家居电商网站首页 > 07"文件，单击"置入"按钮，将图片置入到图像窗口中。将其拖曳到适当的位置并调整其大小，按Enter键确认操作，在"图层"面板中生成新的图层并将其命名为"特色3"。按Alt+Ctrl+G组合键，为"特色3"图层创建剪贴蒙版，图像效果如图4-127所示。

（22）按住Shift键的同时，单击"特色产品"图层，将需要的图层同时选取，按Ctrl+G组合键，群组图层并将其命名为"产品特色"，如图4-128所示。

（23）用相同的方法制作"新品推荐"图层组，如图4-129所示，效果如图4-130所示。

（24）按住Shift键的同时，单击"免费送货"图层组，将需要的图层同时选取，按Ctrl+G组合键，群组图层并将其命名为"内容区1"，如图4-131所示。

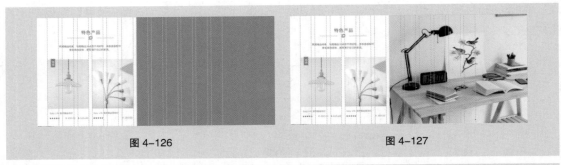

图 4-126　　　　　　　　　　　　　　　　　　图 4-127

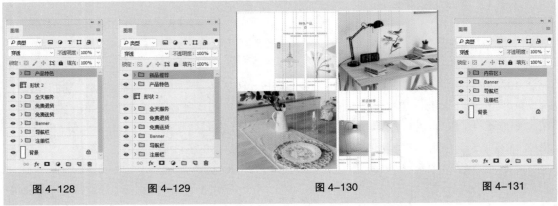

图 4-128　　　　　　图 4-129　　　　　　　　图 4-130　　　　　　　　图 4-131

4．制作内容区域 2

（1）选择"矩形"工具 ▢，在属性栏中将"填充"颜色设为灰色（133、132、132），"描边"颜色设为无。在距离上方图片 68 像素的位置绘制矩形，如图 4-132 所示，在"图层"面板中生成新的形状图层"矩形 8"。

（2）选择"文件 > 置入嵌入对象"命令，弹出"置入嵌入的对象"对话框，选择云盘中的"Ch04 > 素材 > 制作 Easy Life 家居电商网站 > 制作 Easy Life 家居电商网站首页 > 11"文件，单击"置入"按钮，将图片置入到图像窗口中。将其拖曳到适当的位置并调整其大小，按 Enter 键确认操作，在"图层"面板中生成新的图层并将其命名为"配件"。按 Alt+Ctrl+G 组合键，为"配件"图层创建剪贴蒙版，图像效果如图 4-133 所示。

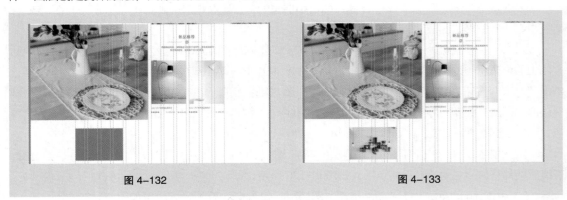

图 4-132　　　　　　　　　　　　　　　　　　图 4-133

（3）选择"矩形"工具 ▢，在属性栏中将"填充"颜色设为白色，"描边"颜色设为无。在图像窗口中适当的位置绘制矩形，如图 4-134 所示，在"图层"面板中生成新的形状图层"矩形 9"。

（4）在图像窗口中适当的位置再次绘制一个矩形，在属性栏中将"填充"颜色设为无，"描边"颜色设为白色，"粗细"选项设为2像素，如图4-135所示，在"图层"面板中生成新的形状图层"矩形10"。

图 4-134　　　　　　　　　　　　　　　图 4-135

（5）选择"横排文字"工具 **T**，在适当的位置输入需要的文字并选取文字，在"字符"面板中将"颜色"设为灰色（73、73、74），如图4-136所示，按 Enter 键确认操作，效果如图4-137所示。

（6）按住 Shift 键的同时，单击"矩形7"图层，将需要的图层同时选取，按 Ctrl+G 组合键，群组图层并将其命名为"配件"，如图4-138所示。用相同的方法制作"推荐"和"家具"图层组，如图4-139所示，效果如图4-140所示。

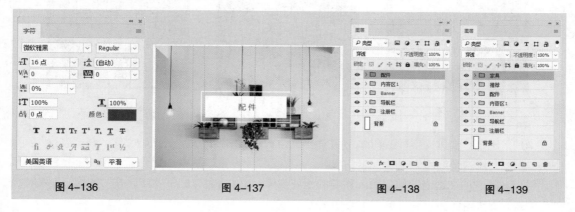

图 4-136　　　　　　图 4-137　　　　　　图 4-138　　　　　　图 4-139

（7）选择"矩形"工具 **□**，在属性栏中的"选择工具模式"选项中选择"形状"，将"填充"颜色设为灰色（67、67、67），"描边"颜色设为无。在图像窗口中适当的位置绘制矩形，如图4-141所示，在"图层"面板中生成新的形状图层"矩形16"。

图 4-140　　　　　　　　　　　　　　　图 4-141

（8）在"02"图像窗口中，选择"移动"工具 **+**，选中"发送"图层，将其拖曳到图像窗口中适当的位置并调整其大小，如图 4-142 所示，在"图层"面板中生成新的形状图层并将其命名为"飞机"。在"图层"面板中，将图层的"不透明度"选项设为 4%，按 Enter 键确认操作，效果如图 4-143 所示。按 Alt+Ctrl+G 组合键，为"飞机"图层创建剪贴蒙版。

（9）选择"矩形"工具 □，在图像窗口中适当的位置绘制矩形，在属性栏中将"填充"颜色设为无，"描边"颜色设为灰色（133、132、132），"粗细"选项设为 2 像素。如图 4-144 所示，在"图层"面板中生成新的形状图层"矩形 17"。

（10）在"02"图像窗口中，选择"移动"工具 ✛，选中"发送"图层，将其拖曳到图像窗口中适当的位置并调整其大小，如图 4-145 所示，在"图层"面板中生成新的形状图层并将其命名为"小飞机"。

（11）选择"直线"工具 ╱，按住 Shift 键的同时，在图像窗口中适当的位置绘制直线，在属性栏中将"填充"颜色设为无，"描边"颜色设为灰色（131、128、128），"粗细"选项设为 1 像素。选择"路径选择"工具 ▶，按住 Alt+Shift 组合键的同时，将直线向右拖曳至适当的位置，复制图形，如图 4-146 所示，在"图层"面板中生成新的形状图层"形状 4"。

图 4-142

图 4-143

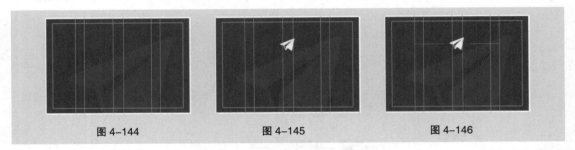

| 图 4-144 | 图 4-145 | 图 4-146 |

（12）选择"横排文字"工具 T，在适当的位置输入需要的文字并选取文字，在"字符"面板中将"颜色"设为橙黄色（194、133、72），其他选项的设置如图 4-147 所示，按 Enter 键确认操作，用相同的方法在适当的位置输入需要的浅灰色（145、145、145）文字，在"图层"面板中分别生成新的文字图层，效果如图 4-148 所示。

（13）按住 Shift 键的同时，单击"矩形 16"图层，将需要的图层同时选取，按 Ctrl+G 组合键，群组图层并将其命名为"全国免费包邮"，如图 4-149 所示。按住 Shift 键的同时，单击"配件"图层组，将需要的图层同时选取，按 Ctrl+G 组合键，群组图层并将其命名为"推荐"，如图 4-150 所示。

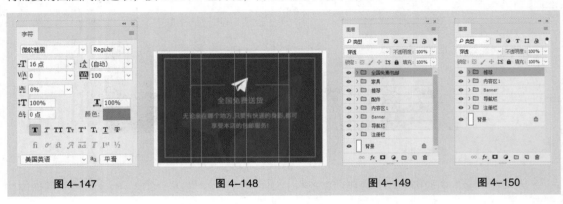

| 图 4-147 | 图 4-148 | 图 4-149 | 图 4-150 |

（14）选择"横排文字"工具 **T.**，在距离上方图形 64 像素的位置输入需要的文字并选取文字，在"字符"面板中将"颜色"设为灰色（89、89、89），其他选项的设置如图 4-151 所示，按 Enter 键确认操作，效果如图 4-152 所示，在"图层"面板中分别生成新的文字图层。

图 4-151　　　　　　　　　　　　　　　　　　图 4-152

（15）选择"直线"工具 **／.**，在属性栏中将"填充"颜色设为无，"描边"颜色设为灰色（133、132、132），"粗细"选项设为 1 像素。按住 Shift 键的同时，在图像窗口中适当的位置绘制直线，如图 4-153 所示，在"图层"面板中生成新的形状图层"形状 5"。

（16）选择"矩形"工具 **□.**，在图像窗口中适当的位置绘制矩形。在属性栏中将"填充"颜色设为灰色（133、132、132），"描边"颜色设为无，如图 4-154 所示，在"图层"面板中生成新的形状图层"矩形 18"。

（17）选择"文件 > 置入嵌入对象"命令，弹出"置入嵌入的对象"对话框，选择云盘中的"Ch04 > 素材 > 制作 Easy Life 家居电商网站 > 制作 Easy Life 家居电商网站首页 > 14"文件，单击"置入"按钮，将图片置入到图像窗口中。将其拖曳到适当的位置并调整其大小，按 Enter 键确认操作，在"图层"面板中生成新的图层并将其命名为"盆栽"。按 Alt+Ctrl+G 组合键，为"盆栽"图层创建剪贴蒙版，效果如图 4-155 所示。

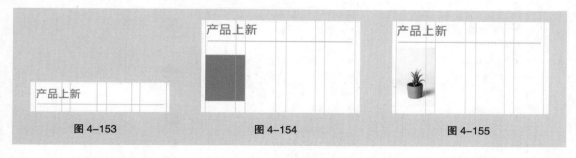

图 4-153　　　　　　　图 4-154　　　　　　　图 4-155

（18）选择"横排文字"工具 **T.**，在适当的位置输入需要的文字并选取文字，在"字符"面板中将"颜色"设为灰色（89、89、89），其他选项的设置如图 4-156 所示，按 Enter 键确认操作，效果如图 4-157 所示。

（19）在"02"图像窗口中，选择"移动"工具 **✛.**，选中"五颗星"图层，将其拖曳到图像窗口中适当的位置并调整其大小，效果如图 4-158 所示，在"图层"面板中生成新的形状图层"五颗星"。

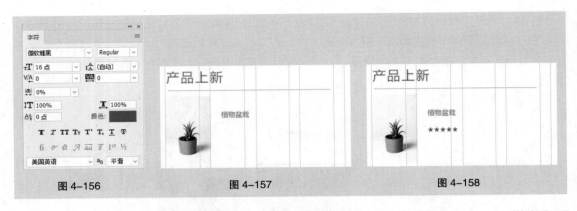

图 4-156 图 4-157 图 4-158

（20）选择"横排文字"工具 **T.**，在适当的位置输入需要的文字并选取文字，在"字符"面板中将"颜色"设为橙黄色（194、133、72），其他选项的设置如图 4-159 所示，按 Enter 键确认操作，效果如图 4-160 所示。

（21）按住 Shift 键的同时，单击"矩形 18"图层，将需要的图层同时选取，按 Ctrl+G 组合键，群组图层并将其命名为"植物盆栽 1"，如图 4-161 所示。用相同的方法制作"植物盆栽 2""植物盆栽 3"和"植物盆栽 4"图层组，如图 4-162 所示，效果如图 4-163 所示。

图 4-159 图 4-160

134

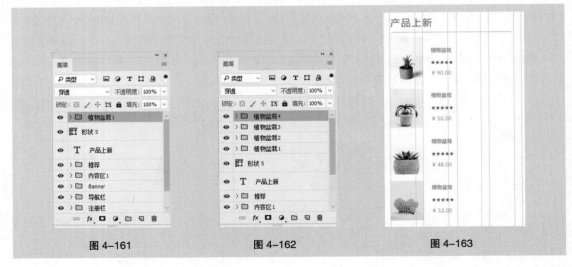

图 4-161 图 4-162 图 4-163

（22）按住 Shift 键的同时，单击"产品上新"图层，将需要的图层同时选取，按 Ctrl+G 组合键，群组图层并将其命名为"产品上新"，如图 4-164 所示。用相同的方法制作"美观推荐"和"经典实用"图层组，如图 4-165 所示，效果如图 4-166 所示。

（23）按住 Shift 键的同时，单击"产品上新"图层组，将需要的图层组同时选取，按 Ctrl+G 组合键，群组图层并将其命名为"产品展示"，如图 4-167 所示。

图 4-164   图 4-165   图 4-166

（24）选择"矩形"工具 □，在属性栏中将"填充"颜色设为灰色（133、132、132），"描边"颜色设为无。在图像窗口中适当的位置绘制矩形，如图 4-168 所示，在"图层"面板中生成新的形状图层"矩形 19"。

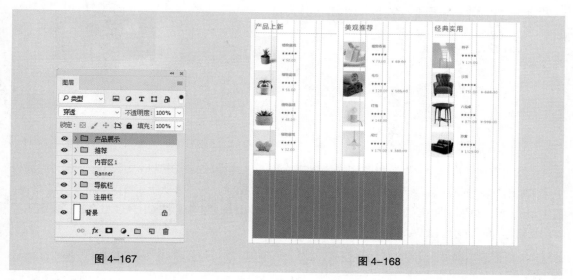

图 4-167   图 4-168

（25）选择"文件 > 置入嵌入对象"命令，弹出"置入嵌入的对象"对话框，选择云盘中的"Ch04 > 素材 > 制作 Easy Life 家居电商网站 > 制作 Easy Life 家居电商网站首页 > 25"文件，单击"置入"按钮，将图片置入到图像窗口中，将其拖曳到适当的位置并调整其大小，按 Enter 键确认操作，在"图层"面板中生成新的图层并将其命名为"新款展示"。按 Alt+Ctrl+G 组合键，为"新款展示"图层创建剪贴蒙版，效果如图 4-169 所示。

图 4-169

（26）选择"横排文字"工具 T.，在适当的位置输入需要的文字并选取文字，在"字符"面板中将"颜色"设为深灰色（47、47、47），其他选项的设置如图 4-170 所示，按 Enter 键确认操作，在"图层"面板中分别生成新的文字图层。用相同的方法在适当的位置输入需要的橘红色（165、68、25）文字，效果如图 4-171 所示。

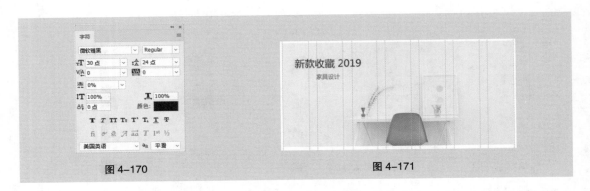

图 4-170   图 4-171

（27）选择"直线"工具 ✐.，在属性栏中将"填充"颜色设为无，"描边"颜色设为灰色（145、145、145），"粗细"选项设为 1 像素。按住 Shift 键的同时，在图像窗口中适当的位置绘制直线，如图 4-172 所示，在"图层"面板中生成新的形状图层"形状 6"。选择"移动"工具 ✛.，按住 Alt+Ctrl 组合键的同时，将直线向右拖曳至适当的位置，复制直线，效果如图 4-173 所示。

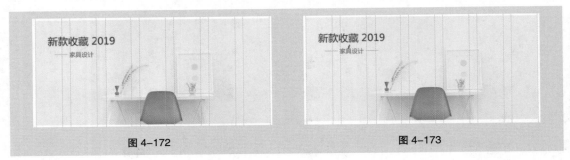

图 4-172   图 4-173

（28）选择"横排文字"工具 T.，在适当的位置输入需要的文字并选取文字，在"字符"面板中将"颜色"设为深灰色（47、47、47），其他选项的设置如图 4-174 所示，效果如图 4-175 所示。按住 Shift 键的同时，单击"矩形 19"图层，将需要的图层同时选取，按 Ctrl+G 组合键，群组图层并将其命名为"新款收藏"，如图 4-176 所示。

图 4-174   图 4-175   图 4-176

（29）选择"矩形"工具 ▭.，在属性栏中的"选择工具模式"选项中选择"形状"，将"填充"颜色设为无，"描边"颜色设为灰色（181、179、179），"粗细"选项设为 1 像素。在图像窗口中适当的位置绘制矩形，如图 4-177 所示。在"图层"面板中生成新的形状图层"矩形 20"。

图 4-177

（30）选择"横排文字"工具 **T.**，在适当的位置输入需要的文字并选取文字，在"字符"面板中将"颜色"设为深灰色（47、47、47），其他选项的设置如图 4-178 所示，按 Enter 键确认操作，效果如图 4-179 所示，在"图层"面板中生成新的文字图层。

（31）在"02"图像窗口中，选择"移动"工具 **⊕.**，选中"邮箱"图层，将其拖曳到图像窗口中适当的位置并调整其大小，效果如图 4-180 所示，在"图层"面板中生成新的形状图层"邮箱"。

图 4-178   图 4-179   图 4-180

（32）选择"直线"工具 **╱.**，在属性栏中将"填充"颜色设为无，"描边"颜色设为灰色（145、145、145），"粗细"选项设为 1 像素。按住 Shift 键的同时，在图像窗口中适当的位置绘制直线，如图 4-181 所示，在"图层"面板中生成新的形状图层"形状 7"。选择"移动"工具 **⊕.**，按住 Alt+Ctrl 组合键的同时，将直线向右拖曳至适当的位置，复制直线，效果如图 4-182 所示。

图 4-181   图 4-182

（33）选择"横排文字"工具 **T.**，在适当的位置输入需要的文字并选取文字，在"字符"面板中将"颜色"设为灰色（145、145、145），其他选项的设置如图 4-183 所示，按 Enter 键确认操作，在"图层"面板中生成新的文字图层。选取文字，在属性栏中单击"居中对齐文本"按钮 **≡**，对齐文本，效果如图 4-184 所示。

（34）选择"矩形"工具 **▢.**，在属性栏中将"填充"颜色设为无，"描边"颜色设为灰色（208、208、208），"粗细"选项设为 1 像素。在图像窗口中适当的位置绘制矩形，如图 4-185 所示，在

"图层" 面板中生成新的形状图层 "矩形 21"。

图 4-183   图 4-184   图 4-185

（35）选择 "横排文字" 工具 T，在适当的位置输入需要的文字并选取文字，在 "字符" 面板中将 "颜色" 设为灰色（172、170、170），其他选项的设置如图 4-186 所示，按 Enter 键确认操作，效果如图 4-187 所示，在 "图层" 面板中生成新的文字图层。

（36）在 "02" 图像窗口中，选择 "移动" 工具 ↔，选中 "发送" 图层，将其拖曳到图像窗口中适当的位置并调整其大小，在 "图层" 面板中生成新的形状图层 "发送"。单击 "图层" 面板下方的 "添加图层样式" 按钮 fx，在弹出的菜单中选择 "颜色叠加" 命令，弹出对话框，设置叠加颜色为灰色（145、145、145），其他选项的设置如图 4-188 所示，单击 "确定" 按钮，效果如图 4-189 所示。

图 4-186

图 4-187

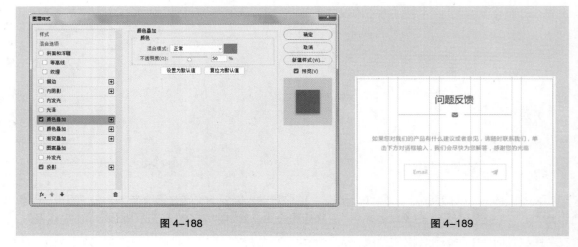

图 4-188   图 4-189

（37）按住 Shift 键的同时，单击 "矩形 20" 图层，将需要的图层同时选取，按 Ctrl+G 组合键，群组图层并将其命名为 "问题反馈"，如图 4-190 所示。

（38）按住 Shift 键的同时，单击 "推荐" 图层组，将需要的图层同时选取，按 Ctrl+G 组合键，群组图层并将其命名为"内容区 2"，如图 4-191 所示。

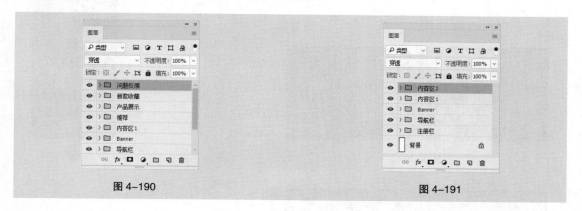

图 4-190   图 4-191

5. 制作页脚区域

（1）选择"矩形"工具 □ ，在属性栏中将"填充"颜色设为浅灰色（249、249、249），"描边"颜色设为无。在距离上方图形 80 像素的位置绘制矩形，如图 4-192 所示，在"图层"面板中生成新的形状图层"矩形 22"。

（2）在"02"图像窗口中，选择"移动"工具 ⊕ ，选中"品牌"图层，将其拖曳到图像窗口中距离上方图片 120 像素的位置并调整其大小，效果如图 4-193 所示，在"图层"面板中生成新的形状图层"品牌"。

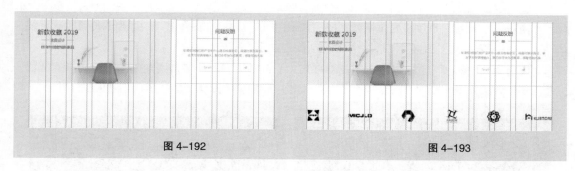

图 4-192   图 4-193

（3）选择"矩形"工具 □ ，在属性栏中将"填充"颜色设为深灰色（47、47、47），"描边"颜色设为无。在适当的位置绘制矩形，如图 4-194 所示，在"图层"面板中生成新的形状图层"矩形 23"。

（4）选择"横排文字"工具 T. ，在适当的位置输入需要的文字并选取文字，在"字符"面板中将"颜色"设为橙黄色（195、135、73），其他选项的设置如图 4-195 所示，按 Enter 键确定操作，在"图层"面板中生成新的文字图层。用相同的方法在适当的位置输入需要的白色文字，效果如图 4-196 所示。

（5）用相同的方法在适当的位置分别输入需要的文字，效果如图 4-197 所示。

（6）在"02"图像窗口中，选择"移动"工具 ⊕ ，选中"电话"图层，将其拖曳到图像窗口中适当的位置并调整其大小，效果如图 4-198 所示，在"图层"面板中生成新的形状图层"电话"。用相同的方法分别拖曳并调整"定位"和"邮件"图层，在"图层"面板中生成新的形状图层，效果如图 4-199 所示。

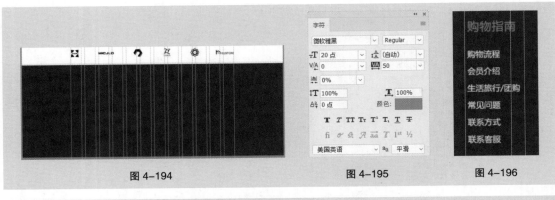

图 4-194　　　　　　　　　　　图 4-195　　　　　　　　　图 4-196

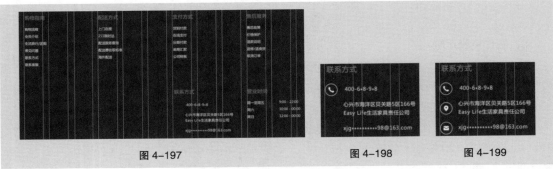

图 4-197　　　　　　　　　　图 4-198　　　　　　图 4-199

（7）选择"直线"工具 ⁄，在属性栏中将"填充"颜色设为无，"描边"颜色设为灰色（145、145、145），"粗细"选项设为 1 像素。按住 Shift 键的同时，在图像窗口中适当的位置绘制直线，如图 4-200 所示，在"图层"面板中生成新的形状图层"形状 8"。

（8）选择"移动"工具 ✛，按住 Alt+Shift 组合键的同时，将直线向下拖曳至适当的位置，复制图形，效果如图 4-201 所示，在"图层"面板中生成新的形状图层"形状 8 拷贝"。

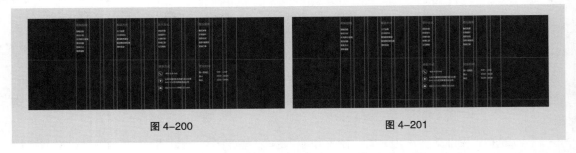

图 4-200　　　　　　　　　　　　　图 4-201

（9）选择"文件 > 置入嵌入对象"命令，弹出"置入嵌入的对象"对话框，选择云盘中的"Ch04 > 素材 > 制作 Easy Life 家居电商网站 > 制作 Easy Life 家居电商网站首页 > 01"文件，单击"置入"按钮，将图片置入到图像窗口中，将其拖曳到适当的位置并调整其大小，按 Enter 键确认操作，效果如图 4-202 所示，在"图层"面板中生成新的图层并将其命名为"logo 2"。

（10）选择"横排文字"工具 T，在图像窗口中适当的位置拖曳文本框，输入需要的文字并选取文字，在"字符"面板中，将"颜色"设为白色，其他选项的设置如图 4-203 所示，按 Enter 键确认操作，在"图层"面板中生成新的文字图层。用相同的方法输入其他文字，效果如图 4-204 所示。

一条水平参考线，设置如图 4-211 所示，单击"确定"按钮，完成参考线的创建。用相同的方法在 180 像素（距离上方参考线 140 像素）的位置再次创建一条参考线，效果如图 4-212 所示。

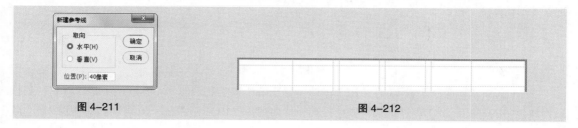

图 4-211   图 4-212

（4）在"Easy Life 家居电商网站首页"图像窗口中，选择"注册栏"图层组，按住 Shift 键的同时，单击"导航栏"图层组，将需要的图层组同时选取。单击鼠标右键，在弹出的菜单中选择"复制图层"命令，在弹出的对话框中进行设置，如图 4-213 所示，单击"确定"按钮，效果如图 4-214 所示。

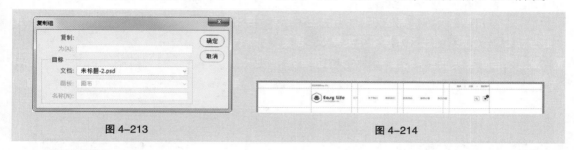

图 4-213   图 4-214

2. 制作内容区域

（1）按 Ctrl + O 组合键，打开云盘中的"Ch04 > 素材 > 制作 Easy Life 家居电商网站 > 制作 Easy Life 家居电商网站产品列表页 > 02"文件，选择"移动"工具 ⊕，将"首页"图形拖曳到图像窗口中距离上方图片 66 像素的位置并调整其大小，效果如图 4-215 所示，在"图层"面板中生成新的形状图层"首页"。

图 4-215

（2）选择"横排文字"工具 **T**，在适当的位置输入需要的文字，在"字符"面板中将"颜色"设为灰色（89、89、89），其他选项的设置如图 4-216 所示，按 Enter 键确认操作，在"图层"面板中生成新的文字图层。选取需要的文字，填充文字为橙黄色（195、135、73），效果如图 4-217 所示。

（3）选择"直线"工具 ╱，在属性栏中的"选择工具模式"选项中选择"形状"，

图 4-216   图 4-217

将"填充"颜色设为无，"描边"颜色设为灰色（181、179、179），"粗细"选项设为1像素。按住 Shift 键的同时，在图像窗口中适当的位置绘制直线，如图 4-218 所示，在"图层"面板中生成新的形状图层"形状 2"。

图 4-218

（4）选择"矩形"工具 □，在图像窗口中适当的位置绘制矩形。在属性栏中将"填充"颜色设为灰色（89、89、89），"描边"颜色设为无，如图 4-219 所示，在"图层"面板中生成新的形状图层"矩形 3"。

（5）选择"横排文字"工具 T，在适当的位置输入需要的文字并选取文字，在"字符"面板中将"颜色"设为白色，其他选项的设置如图 4-220 所示，按 Enter 键确认操作，效果如图 4-221 所示，在"图层"面板中生成新的文字图层。

图 4-219　　　　　　　图 4-220　　　　　　　图 4-221

（6）选择"矩形"工具 □，在属性栏中将"填充"颜色设为无，"描边"颜色设为灰色（181、179、179），"粗细"选项设为1像素。在图像窗口中适当的位置绘制矩形，如图 4-222 所示，在"图层"面板中生成新的形状图层"矩形 4"。

（7）选择"横排文字"工具 T，在适当的位置输入需要的文字并选取文字，在"字符"面板中将"颜色"设为灰色（89、89、89），其他选项的设置如图 4-223 所示，按 Enter 键确认操作，在"图层"面板中生成新的文字图层。再次分别在适当的位置输入需要的黑色文字，效果如图 4-224 所示。

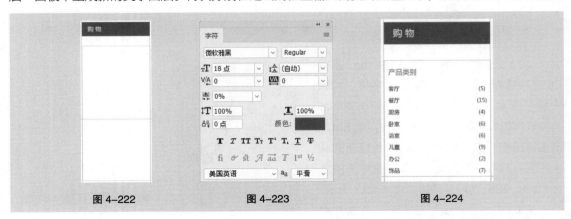

图 4-222　　　　　　　图 4-223　　　　　　　图 4-224

（8）选择"直线"工具 ╱，在属性栏中将"填充"颜色设为无，"描边"颜色设为灰色（181、

179、179），"粗细"选项设为1像素。按住Shift键的同时，在图像窗口中适当的位置绘制直线，如图4-225所示，在"图层"面板中生成新的形状图层"形状3"。

（9）选择"横排文字"工具 **T.**，在适当的位置输入需要的文字并选取文字，在"字符"面板中将"颜色"设为灰色（89、89、89），其他选项的设置如图4-226所示，按Enter键确认操作，效果如图4-227所示，在"图层"面板中生成新的文字图层。

| 图 4-225 | 图 4-226 | 图 4-227 |

（10）选择"矩形"工具 **□.**，在属性栏中将"填充"颜色设为橙黄色（195、135、73），"描边"颜色设为无。在图像窗口中适当的位置绘制矩形，如图4-228所示，在"图层"面板中生成新的形状图层"矩形5"。

（11）按住Shift键的同时，再次绘制矩形，如图4-229所示。选择"直接选择"工具 **▷.**，按住Alt+Shift组合键的同时，将矩形向右拖曳到适当的位置，复制矩形，如图4-230所示。

| 图 4-228 | 图 4-229 | 图 4-230 |

（12）选择"横排文字"工具 **T.**，在适当的位置分别输入需要的文字并选取文字，在"字符"面板中将"颜色"设为黑色，其他选项的设置如图4-231所示，按Enter键确认操作，效果如图4-232所示，在"图层"面板中分别生成新的文字图层。

（13）选择"矩形"工具 **□.**，在属性栏中将"填充"颜色设为无，"描边"颜色设为灰色（181、179、179），"粗细"选项设为1像素。在图像窗口中适当的位置绘制矩形，如图4-233所示，在"图层"面板中生成新的形状图层"矩形6"。

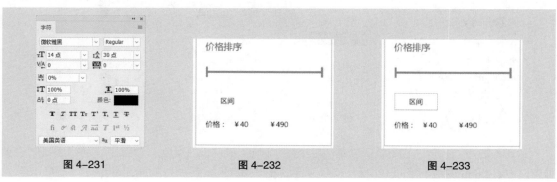

| 图 4-231 | 图 4-232 | 图 4-233 |

（14）用相同的方法分别在适当的位置绘制"矩形 7"和"矩形 8"，如图 4-234 所示。再次在图像窗口中适当的位置绘制矩形，在属性栏中将"填充"颜色设为黑色，"描边"颜色设为无，如图 4-235 所示。

（15）按住 Shift 键的同时，单击"矩形 3"图层，将需要的图层同时选取，按 Ctrl+G 组合键，群组图层并将其命名为"购物"，如图 4-236 所示。

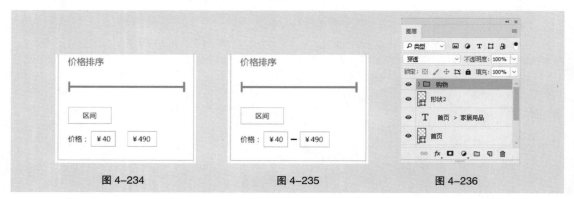

| 图 4-234 | 图 4-235 | 图 4-236 |

（16）用相同的方法分别制作"对比"和"产品标签"图层组，如图 4-237 所示，效果如图 4-238 所示。

（17）用上述方法制作"最受好评的产品"图层组，如图 4-239 所示，效果如图 4-240 所示。按住 Shift 键的同时，单击"购物"图层组，将需要的图层同时选取，按 Ctrl+G 组合键，群组图层并将其命名为"左侧内容区"。

| 图 4-237 | 图 4-238 | 图 4-239 | 图 4-240 |

（18）选择"矩形"工具 □，在属性栏中将"填充"颜色设为黑色，"描边"颜色设为无。在图像窗口中适当的位置绘制矩形，如图 4-241 所示，在"图层"面板中生成新的形状图层"矩形 13"。

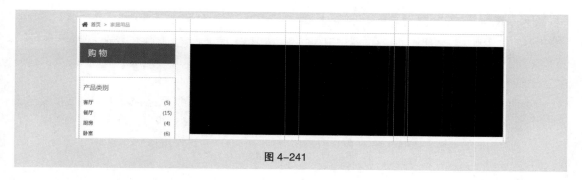

图 4-241

（19）选择"文件 > 置入嵌入对象"命令，弹出"置入嵌入的对象"对话框，选择云盘中的"Ch04 > 素材 > 制作 Easy Life 家居电商网站 > 制作 Easy Life 家居电商网站产品列表页 > 03"文件，单击"置入"按钮，将图片置入到图像窗口中。将其拖曳到适当的位置并调整其大小，按 Enter 键确认操作，在"图层"面板中生成新的图层"03"。按 Alt+Ctrl+G 组合键，为"03"图层创建剪贴蒙版，图像效果如图 4-242 所示。

图 4-242

（20）选择"直线"工具 ╱，在属性栏中将"填充"颜色设为无，"描边"颜色设为灰色（181、179、179），"粗细"选项设为 1 像素。按住 Shift 键的同时，在图像窗口中适当的位置绘制直线，如图 4-243 所示，在"图层"面板中生成新的形状图层"形状 4"。

（21）选择"移动"工具 ✛，按住 Alt+Shift 组合键的同时，将直线向下拖曳至适当的位置，复制直线，效果如图 4-244 所示，在"图层"面板中生成新的形状图层"形状 4 拷贝"。

图 4-243   图 4-244

（22）选择"矩形"工具 ▢，在图像窗口中适当的位置绘制矩形，在属性栏中将"填充"颜色设为无，"描边"颜色设为橙黄色（195、135、73），"粗细"选项设为 1 像素，在"图层"面板中生成新的形状图层"矩形 14"，如图 4-245 所示。选择"移动"工具 ✛，按住 Alt+Shift 组合键的同时，将矩形向右拖曳至适当的位置，复制图形，效果如图 4-246 所示，在"图层"面板中生成新的形状图层"矩形 14 拷贝"。

（23）选择“矩形”工具，在图像窗口中适当的位置绘制矩形，在属性栏中将“填充”颜色设为橙黄色（195、135、73），“描边”颜色设为无，如图 4–247 所示，在“图层”面板中生成新的形状图层“矩形 15”。选择“直接选择”工具，按住 Alt+Shift 组合键的同时，将矩形向右拖曳至适当的位置，复制图形。用相同的方法复制多个图形，效果如图 4–248 所示。

（24）选择“移动”工具，按住 Alt+Shift 组合键的同时，将“矩形 15”图层向右拖曳至适当的位置，复制图形，在“图层”面板中生成新的形状图层“矩形 15 拷贝”。选择“直接选择”工具，调整图形的大小，效果如图 4–249 所示。

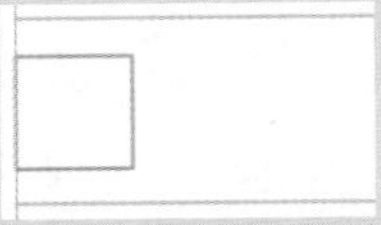
图 4–245

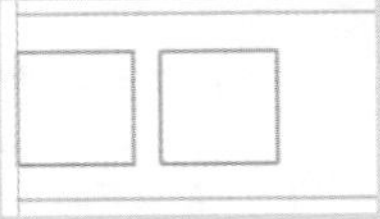
图 4–246

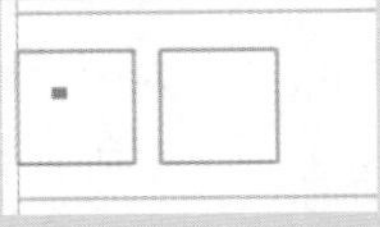
图 4–247

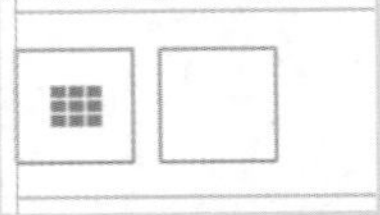
图 4–248

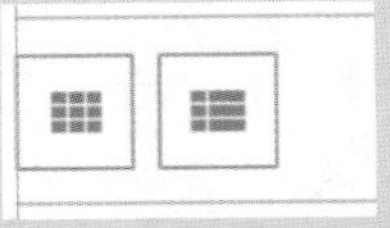
图 4–249

（25）选择“横排文字”工具，在适当的位置分别输入需要的文字并选取文字，在“字符”面板中将“颜色”设为黑色，其他选项的设置如图 4–250 所示，按 Enter 键确认操作，效果如图 4–251 所示，在“图层”面板中分别生成新的文字图层。

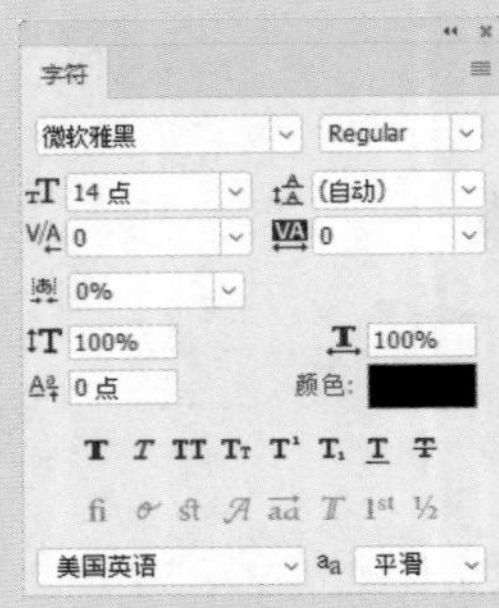

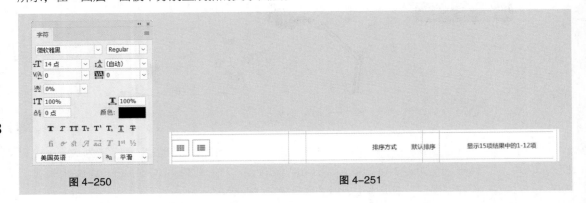

图 4–250

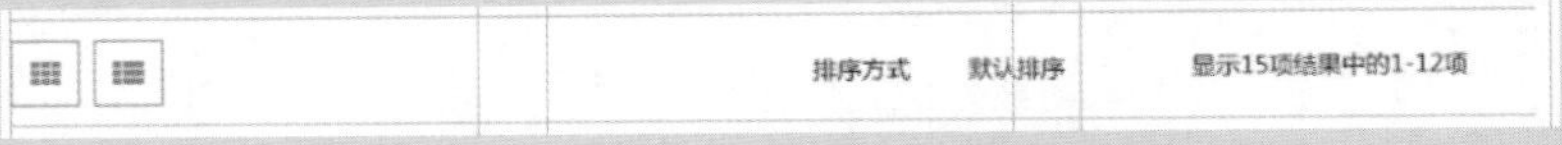

图 4–251

（26）选择“矩形”工具，在属性栏中将“填充”颜色设为无，“描边”颜色设为灰色（181、179、179），“粗细”选项设为 1 像素。在图像窗口中适当的位置绘制矩形，在“图层”面板中生成新的形状图层“矩形 16”，如图 4–252 所示。

（27）选择“钢笔”工具，在图像窗口中适当的位置绘制形状。在属性栏中将“填充”颜色设为无，“描边”颜色设为深灰色（89、89、89），“粗细”选项设为 2 像素，效果如图 4–253 所示。在“图层”面板中生成新的形状图层“形状 5”，如图 4–254 所示。按住 Shift 键的同时，单击“矩形 13”图层，将需要的图层同时选取，按 Ctrl+G 组合键，群组图层并将其命名为“排序方式”。

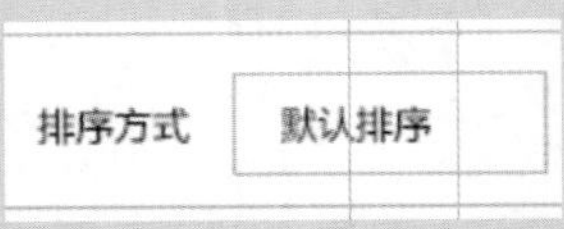

图 4–252

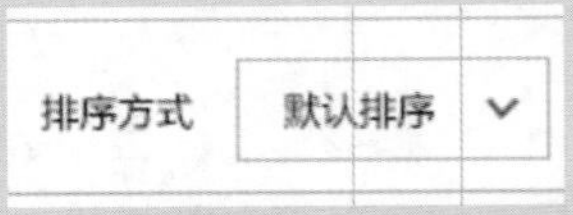

图 4–253

（28）用上述方法制作“第一排”图层组，效果如图 4–255 所示。用相同的方法制作“第二排”“第三排”和“第四排”图层组，效果如图 4–256 所示。

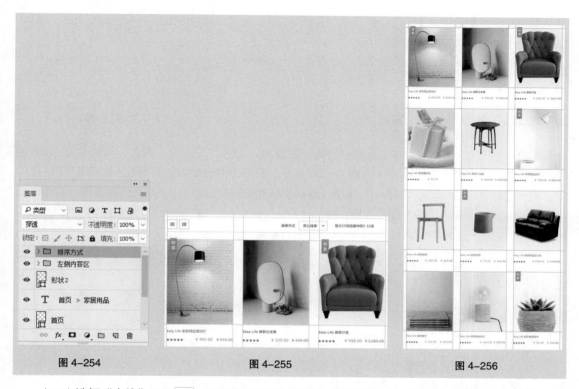

图 4-254　　　　　　　　　　图 4-255　　　　　　　　　　图 4-256

（29）选择"直线"工具 ⁄，在属性栏中将"填充"颜色设为无，"描边"颜色设为灰色（179、179、179），"粗细"选项设为 1 像素。按住 Shift 键的同时，在图像窗口中适当的位置绘制直线，效果如图 4-257 所示。在"图层"面板中生成新的形状图层"形状 6"。选择"移动"工具 ✛，按住 Alt+Shift 组合键的同时，将直线向下拖曳至适当的位置，复制直线，效果如图 4-258 所示，在"图层"面板中生成新的形状图层"形状 6 拷贝"。

图 4-257　　　　　　　　　　　　　　图 4-258

（30）选择"矩形"工具 ▢，在属性栏中将"粗细"选项设为 1 像素，在图像窗口中适当的位置绘制矩形。在属性栏中将"填充"颜色设为无，"描边"颜色设为橙黄色（195、135、73），如图 4-259 所示，在"图层"面板中生成新的形状图层"矩形 18"。选择"移动"工具 ✛，按住 Alt+Shift 组合键的同时，将"矩形 18"图层向右拖曳至适当的位置，复制图形，在"图层"面板中生成新的形状图层"矩形 18 拷贝"。在属性栏中将其"描边"颜色设为灰色（181、179、179）。用相同的方法再次复制一个矩形，效果如图 4-260 所示。

（31）选择"横排文字"工具 T，在适当的位置输入需要的文字并选取文字，在"字符"面板中将"颜色"设为橙黄色（195、135、73），其他选项的设置如图 4-261 所示，按 Enter 键确认操作，在"图层"面板中生成新的文字图层。用相同的方法再次在适当的位置输入需要的灰色（181、179、179）文字，效果如图 4-262 所示。

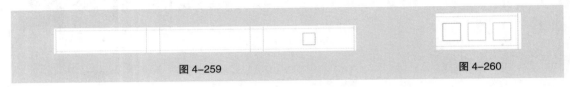

图 4-259   图 4-260

（32）在"02"图像窗口中，选择"移动"工具 ⊕，选中"下一页"图层，将其拖曳到图像窗口中适当的位置并调整其大小，效果如图 4-263 所示。在"图层"面板中生成新的形状图层"下一页"。按住 Shift 键的同时，单击"形状 6"图层，将需要的图层同时选取，按 Ctrl+G 组合键，群组图层并将其命名为"页码"。按住 Shift 键的同时，单击"排序方式"图层组，将需要的图层同时选取，按 Ctrl+G 组合键，群组图层并将其命名为"右侧内容区"。

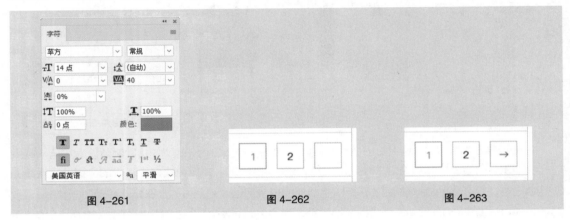

图 4-261   图 4-262   图 4-263

3. 制作页脚区域

（1）在"制作 Easy Life 家居电商网站首页"图像窗口中，选择"页脚"图层组。

（2）选择"移动"工具 ⊕，将选取的图层拖曳到图像窗口中适当的位置，如图 4-264 所示，效果如图 4-265 所示。

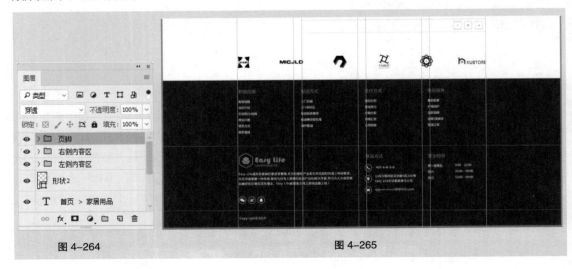

图 4-264   图 4-265

（3）按 Ctrl+S 组合键，弹出"存储为"对话框，将其命名为"制作 Easy Life 家居电商网站产品列表页"，保存为 psd 格式，单击"保存"按钮，单击"确定"按钮，将文件保存。Easy Life 家居电商网站产品列表页制作完成。

4.4.3 课堂案例——制作 Easy Life 家居电商网站产品详情页

【案例学习目标】学习使用绘图工具、文字工具和图层蒙版制作家居电商类网站产品详情页。

【案例知识要点】使用"置入"命令置入图片，使用图层蒙版调整图片显示区域，使用"横排文字"工具添加文字，使用"矩形"工具、"椭圆"工具和"直线"工具绘制基本形状，最终效果如图 4-266 所示。

【效果所在位置】云盘 /Ch04/ 效果 / 制作 Easy Life 家居电商网站 / 制作 Easy Life 家居电商网站产品详情页 .psd。

制作 Easy Life 家居电商网站产品详情页

图 4-266

1. 制作注册栏及导航栏

（1）按 Ctrl+N 组合键，新建一个文件，宽度为 1 920 像素，高度为 2 990 像素，分辨率为 72 像素 / 英寸，背景内容为白色，如图 4-267 所示，单击"创建"按钮，完成文档的新建。

（2）选择"视图 > 新建参考线版面"命令，弹出"新建参考线版面"对话框，设置如图 4-268 所示。单击"确定"按钮，完成参考线的创建。

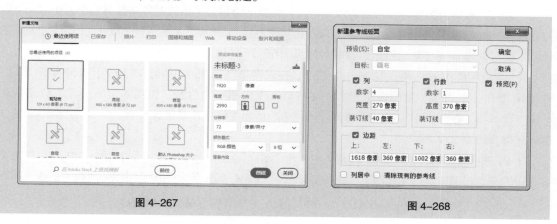

图 4-267　　　　　　　　　　　　　　　图 4-268

（3）选择"视图 > 新建参考线"命令，弹出"新建参考线"对话框，在 40 像素的位置新建一条水平参考线，设置如图 4-269 所示，单击"确定"按钮，完成参考线的创建。用相同的方法在 180 像素（距离上方参考线 140 像素）的位置再次创建一条参考线，效果如图 4-270 所示。

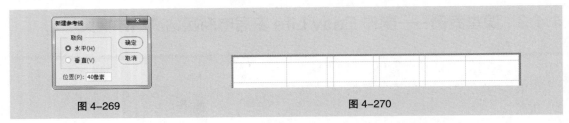

图 4-269 图 4-270

（4）在"制作 Easy Life 家居电商网站产品列表页"图像窗口中，选择"注册栏"图层组，按住 Shift 键的同时，单击"形状 2"图层，将需要的图层同时选取。单击鼠标右键，在弹出的菜单中选择"复制图层"命令，在弹出的对话框中进行设置，如图 4-271 所示，效果如图 4-272 所示。

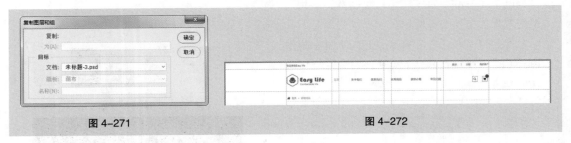

图 4-271 图 4-272

（5）选中"首页 > 家居用品"图层，选择"横排文字"工具 T，选取文字并将其修改为适当的内容，效果如图 4-273 所示。

2．制作内容区域

（1）选择"矩形"工具 □，在图像窗口中距离上方形状 36 像素的位置绘制矩形，在属性栏中将"填充"颜色设为橙黄色（195、135、73），"描边"颜色设为无。在"图层"面板中生成新的形状图层"矩形 2"，如图 4-274 所示。

🏠 首页 > 家居用品 > 饰品 > 简约版落地灯

图 4-273

（2）选择"文件 > 置入嵌入对象"命令，弹出"置入嵌入的对象"对话框，选择云盘中的"Ch04 > 素材 > 制作 Easy Life 家居电商网站 > 制作 Easy Life 家居电商网站产品详情页 > 03"文件，单击"置入"按钮，将图片置入到图像窗口中。将其拖曳到适当的位置并调整其大小，按 Enter 键确认操作，在"图层"面板中生成新的图层并将其命名为"落地灯"。按 Alt+Ctrl+G 组合键，为"落地灯"图层创建剪贴蒙版，图像效果如图 4-275 所示。

（3）用相同的方法再次绘制一个矩形，在"图层"面板中生成新的形状图层"矩形 3"。连续按 Ctrl+J 组合键，复制多个矩形，并将其拖曳到适当的位置，如图 4-276 所示，分别置入"04""05""06""07"图片，将其分别拖曳到适当的位置并调整其大小，分别创建剪贴蒙版，图像效果如图 4-277 所示。

（4）选择"矩形"工具 □，在属性栏中将"填充"颜色设为深灰色（47、47、47），"描边"颜色设为无。在图像窗口中适当的位置绘制矩形，如图 4-278 所示，在"图层"面板中生成新的形状图层"矩形 4"。

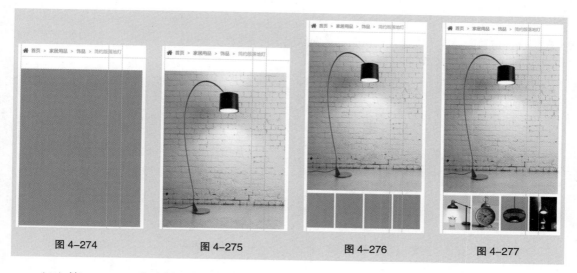

图 4-274   图 4-275   图 4-276   图 4-277

（5）按 Ctrl + O 组合键，打开云盘中的"Ch04 > 素材 > 制作 Easy Life 家居电商网站 > 制作 Easy Life 家居电商网站产品详情页 > 02"文件，选择"移动"工具 ⊹，将"上一个"图形拖曳到图像窗口中适当的位置并调整其大小，效果如图 4-279 所示，在"图层"面板中生成新的形状图层"上一个"。

图 4-278   图 4-279

（6）按住 Shift 键的同时，单击"矩形 4"图层，将需要的图层同时选取。按 Ctrl+J 组合键，复制图层，并将其拖曳到适当的位置，如图 4-280 所示。选中"上一个 拷贝"图层，按 Ctrl+T 组合键，在图形周围出现变换框，单击鼠标右键，在弹出的菜单中选择"水平翻转"命令，水平翻转图像，按 Enter 键确认操作，效果如图 4-281 所示。按住 Shift 键的同时，单击"矩形 2"图层，将需要的图层同时选取，按 Ctrl+G 组合键，群组图层并将其命名为"产品展示图"。

图 4-280   图 4-281

（7）选择"横排文字"工具 T，在适当的位置输入需要的文字并选取文字，在"字符"面板中将"颜色"设为深灰色（89、89、89），其他选项的设置如图 4-282 所示，按 Enter 键确认操作，效果如图 4-283 所示，在"图层"面板中生成新的文字图层。

（8）用相同的方法在适当的位置输入需要的橙黄色（194、133、72）和灰色（133、132、132）文字，效果如图 4-284 所示。

（9）在"02"图像窗口中，选择"移动"工具 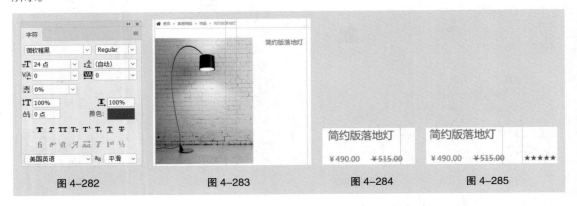，选中"五颗星"图层，将其拖曳到图像窗口中适当的位置并调整其大小，在"图层"面板中生成新的形状图层"五颗星"，效果如图4-285所示。

图 4-282　　　　图 4-283　　　　图 4-284　　　　图 4-285

（10）选择"直线"工具 ✐，按住 Shift 键的同时，在图像窗口中距离上方文字34像素的位置绘制直线，在属性栏中将"填充"颜色设为无，"描边"颜色设为灰色（210、210、210），"粗细"选项设为1像素，如图4-286所示，在"图层"面板中生成新的形状图层"形状3"。选择"移动"工具 ✛，按住 Alt+Shift 组合键的同时，将直线向下拖曳至适当的位置，复制图形，效果如图4-287所示，在"图层"面板中生成新的形状图层"形状3拷贝"。

图 4-286　　　　　　　　　　　　　　　图 4-287

（11）选择"横排文字"工具 T，在图像窗口中适当的位置拖曳文本框，输入需要的文字并选取文字，在"字符"面板中将"颜色"设为深灰色（89、89、89），其他选项的设置如图4-288所示，按 Enter 键确认操作，效果如图4-289所示，在"图层"面板中生成新的文字图层。

图 4-288　　　　　　　　　　　　　　　图 4-289

（12）选择"圆角矩形"工具 □，在属性栏中将"填充"颜色设为浅灰色（238、238、238），"描边"颜色设为灰色（181、179、179），"粗细"选项设为1像素，"半径"选项设为4像素。

在图像窗口中适当的位置绘制圆角矩形，在"图层"面板中生成新的形状图层"圆角矩形1"，如图 4-290 所示。

（13）选择"横排文字"工具 **T.**，在适当的位置分别输入需要的文字并选取文字，在"字符"面板中将"颜色"设为黑色，其他选项的设置如图 4-291 所示，按 Enter 键确认操作，效果如图 4-292 所示，在"图层"面板中分别生成新的文字图层。

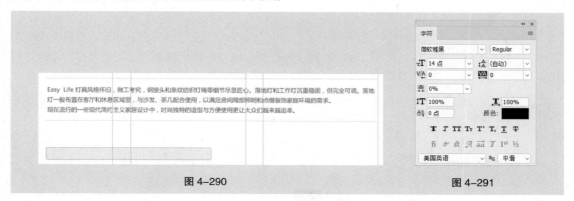

图 4-290　　　　　　　　　　　　　　图 4-291

（14）选择"矩形"工具 **□.**，在属性栏中将"填充"颜色设为灰色（210、210、210），"描边"颜色设为深灰色（181、179、179），"粗细"选项设为 1 像素。在图像窗口中适当的位置绘制矩形，在"图层"面板中生成新的形状图层"矩形5"，如图 4-293 所示。

（15）在"02"图像窗口中，选择"移动"工具 **✛.**，选中"下拉箭头"图层，将其拖曳到图像窗口中适当的位置并调整其大小，在"图层"面板中生成新的形状图层"下拉箭头"，效果如图 4-294 所示。

图 4-292　　　　　　　　　　图 4-293　　　　　　　　　　图 4-294

（16）选择"横排文字"工具 **T.**，在适当的位置输入需要的文字并选取文字，在"字符"面板中将"颜色"设为灰色（139、139、139），其他选项的设置如图 4-295 所示，按 Enter 键确认操作，在"图层"面板中生成新的文字图层。用相同的方法再次输入黑色文字，效果如图 4-296 所示。

（17）在"02"图像窗口中，选择"移动"工具 **✛.**，选中"现货"图层，将其拖曳到图像窗口中适当的位置并调整其大小，在"图层"面板中生成新的形状图层"现货"，效果如图 4-297 所示。

图 4-295　　　　　　　　　　图 4-296　　　　　　　　　　图 4-297

（18）选择"矩形"工具 ▢，在属性栏中将 "粗细"选项设为1像素。在图像窗口中适当的位置绘制矩形，在属性栏中将"填充" 颜色设为无， "描边"颜色设为灰色（210、210、210），在"图层"面板中生成新的形状图层"矩形6"。用相同的方法再次绘制其他矩形，如图4–298所示。

（19）选择"横排文字"工具 T，在适当的位置输入需要的文字并选取文字，在"字符"面板中将"颜色"设为黑色，其他选项的设置如图4–299所示，按Enter键确认操作，效果如图4–300所示，在"图层"面板中生成新的文字图层。

（20）在"02"图像窗口中，选择"移动"工具 ⊹，选中"上下三角形"图层，将其拖曳到图像窗口中适当的位置并调整其大小，在"图层"面板中生成新的形状图层"上下三角形"，效果如图4–301所示。

| 图 4–298 | 图 4–299 | 图 4–300 | 图 4–301 |

（21）选择"矩形"工具 ▢，在属性栏中将"粗细"选项设为1像素。在图像窗口中适当的位置绘制矩形，在属性栏中将"填充"颜色设为无， "描边"颜色设为橙黄色（195、135、73），在"图层"面板中生成新的形状图层"矩形7"。用相同的方法再次绘制其他矩形，并设置"描边"颜色为灰色（210、210、210），效果如图4–302所示。

（22）选择"横排文字"工具 T，在适当的位置输入需要的文字并选取文字，在"字符"面板中将"颜色"设为橙黄色（195、135、73），其他选项的设置如图4–303所示，按Enter键确认操作，效果如图4–304所示，在"图层"面板中生成新的文字图层。

| 图 4–302 | 图 4–303 | 图 4–304 |

（23）在"02"图像窗口中，选择"移动"工具 ⊹，选中"购物车 拷贝"图层，按住Shift键的同时，单击"参数"图层，将需要的图层同时选取，并将其拖曳到图像窗口中适当的位置，调整其大小，效果如图4–305所示。

（24）选择"横排文字"工具 **T.**，在适当的位置分别输入需要的文字并选取文字，在"字符"面板中将"颜色"设为深灰色（47、47、47），其他选项的设置如图4-306所示，按Enter键确认操作，效果如图4-307所示，在"图层"面板中分别生成新的文字图层。

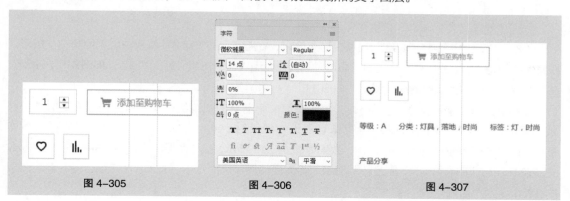

图4-305   图4-306   图4-307

（25）在"02"图像窗口中，选择"移动"工具 **＋.**，选中"微信"图层，按住Shift键的同时，单击"QQ"图层，将需要的图层同时选取，并将其拖曳到图像窗口中适当的位置，调整其大小，效果如图4-308所示，在"图层"面板中生成新的形状图层"微信""微博"和"QQ"。按住Shift键的同时，单击"简约版落地灯"图层，将需要的图层同时选取，按Ctrl+G组合键，群组图层并将其命名为"产品文字详情"。

（26）选择"横排文字"工具 **T.**，在距离上方图形66像素的位置输入需要的文字并选取部分文字，在"字符"面板中将"颜色"设为浅灰色（142、142、142），其他选项的设置如图4-309所示，

图4-308

按Enter键确认操作。再次选取部分文字，在"字符"面板中将"颜色"设为深灰色（47、47、47），效果如图4-310所示，在"图层"面板中分别生成新的文字图层。

图4-309   图4-310

（27）选择"直线"工具 **／.**，在属性栏中将"填充"颜色设为无，"描边"颜色设为灰色（181、179、179），"粗细"选项设为1像素。按住Shift键的同时，在图像窗口中适当的位置绘制直线，如图4-311所示，在"图层"面板中生成新的形状图层"形状4"。

（28）选择"矩形"工具 **□.**，在图像窗口中适当的位置绘制矩形。在属性栏中将"填充"颜色设为深灰色（47、47、47），"描边"颜色设为无，如图4-312所示，在"图层"面板中生成新的

形状图层"矩形 10"。

描述	产品信息	评论(1)

图 4-311

描述	产品信息	评论(1)

图 4-312

（29）在属性栏中将"粗细"选项设为 1 像素，在距离上方文字 10 像素的位置绘制一个矩形。在属性栏中将"填充"颜色设为无，"描边"颜色设为浅灰色（181、179、179），如图 4-313 所示，在"图层"面板中生成新的形状图层"矩形 11"。

（30）选择"横排文字"工具 $\boxed{\text{T.}}$，在图像窗口中适当的位置拖曳文本框，输入需要的文字并选取部分文字，在"字符"面板中将"颜色"设为浅灰色（142、142、142），其他选项的设置如图 4-314 所示，按 Enter 键确认操作，效果如图 4-315 所示，在"图层"面板中生成新的文字图层。按住 Shift 键的同时，单击"描述⋯"图层，将需要的图层同时选取，按 Ctrl+G 组合键，群组图层并将其命名为"描述"。

图 4-313　　　　　　　　　　　　　　　　图 4-314

（31）用上述方法制作"相关产品"图层组，效果如图 4-316 所示。按住 Shift 键的同时，单击"首页"图层，将需要的图层同时选取，按 Ctrl+G 组合键，群组图层并将其命名为"内容区"。

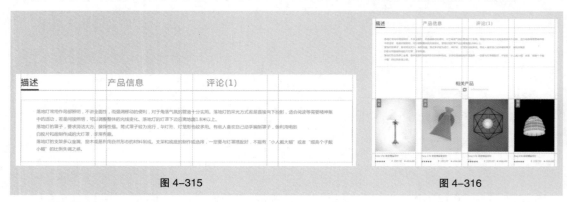

图 4-315　　　　　　　　　　　　　　　　图 4-316

3.　制作页脚区域

（1）在"制作 Easy Life 家居电商网站产品列表页"图像窗口中，选择"页脚"图层组。

（2）选择"移动"工具 $\boxed{+}$，将选取的图层拖曳到图像窗口中适当的位置，如图 4-317 所示，效果如图 4-318 所示。

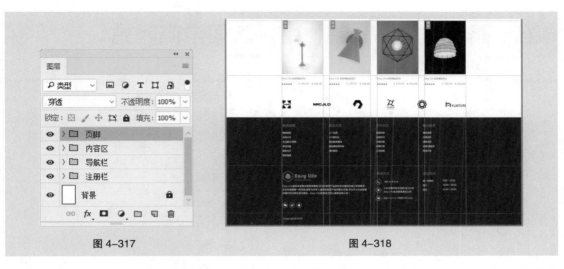

| 图 4-317 | 图 4-318 |

（3）按 Ctrl+S 组合键，弹出"存储为"对话框，将其命名为"制作 Easy Life 家居电商网站产品详情页"，保存为 psd 格式，单击"保存"按钮，单击"确定"按钮，将文件保存。Easy Life 家居电商网站产品详情页制作完成。

4.5 课堂练习——制作 Artsy 家居电商网站

【案例学习目标】学习使用绘图工具、文字工具和图层蒙版制作家居电商类网站。

【案例知识要点】使用"置入"命令置入图片，使用图层蒙版调整图片显示区域，使用"横排文字"工具添加文字，使用"矩形"工具、"椭圆"工具和"直线"工具绘制基本形状，最终效果如图 4-319 所示。

【效果所在位置】云盘 /Ch04/ 效果 / 制作 Artsy 家居电商网站。

制作 Artsy
家居电商网站
首页 1

制作 Artsy
家居电商网站
首页 2

制作 Artsy
家居电商网站
首页 3

制作 Artsy 家
居电商网站产
品列表页

制作 Artsy
家居电商网站
详情页

图 4-319

【案例学习目标】学习使用绘图工具、文字工具和图层蒙版制作家居电商类网站。

【案例知识要点】使用"置入"命令置入图片，使用图层蒙版调整图片显示区域，使用"横排文字"工具添加文字，使用"矩形"工具和"直线"工具绘制基本形状，最终效果如图4-320所示。

【效果所在位置】云盘/Ch04/效果/制作装饰家居电商网站。

图4-320

制作装饰
家居电商网站
首页

制作装饰家居
电商网站产品
列表页

制作装饰
家居电商网站
详情页

第 5 章
软件界面设计

05

▶ **学习引导**

　　软件界面设计泛指对软件的使用界面进行美化设计。本章针对
PC 软件界面的基础知识、设计规范、常用类型及绘制方法进行系统讲
解与演练。通过本章的学习，读者可以对 PC 软件界面设计有一个基
本的认识，并快速掌握绘制 PC 软件常用界面的规范和方法。

学习目标

知识目标

● 了解软件界面设计的基础知识

● 掌握软件界面设计的规范

● 认识软件界面常用界面类型

慕课视频

软件界面设计

能力目标

● 掌握音乐播放器软件——首页的绘制方法

● 掌握音乐播放器软件——歌单页的绘制方法

● 掌握音乐播放器软件——歌曲列表页的绘制方法

素养目标

● 培养能够履行职责，对自己和团队服务的责任意识

● 培养能够不断改进学习方法的自主学习能力

● 培养在工作和学习中勇于质疑和表达观点的批判性思维

5.1 软件界面设计的基础知识

软件界面设计的基础知识包括软件界面设计的概念、软件界面设计的流程及软件界面设计的原则。

5.1.1 软件界面设计的概念

软件界面（software interface）设计是界面设计的一个分支，主要针对软件的使用界面进行交互操作逻辑、用户情感化体验、界面元素美观的整体设计。具体工作内容包括软件启动界面设计、软件框架设计、图标设计等，如图 5-1 所示。

图 5-1　由波兰设计师 Luke Pachytel 创作的软件界面

5.1.2 软件界面设计的流程

软件界面的设计可以按照分析调研、交互设计、交互自查、视觉设计、设计测试、验证总结的步骤来进行，如图 5-2 所示。

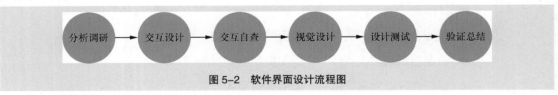

图 5-2　软件界面设计流程图

1. 分析调研

与 App 和网页界面设计类似，软件界面的设计也要先分析需求，明确设计方向。图 5-3 所示是 3 款聊天消息界面，但因产品需求不同，导致设计风格有所区别。

2. 交互设计

交互设计是对整个软件设计进行初步构思和制定的环节，一般需要进行纸面原型、架构设计、流程图设计、线框图设计等具体工作，如图 5-4 所示。

由斯洛伐克设计师StanoBagin创作

由印度设计师Prakhar Neel Sharma创作

乌克兰设计Yuliya创作

图 5-3　不同风格的软件界面

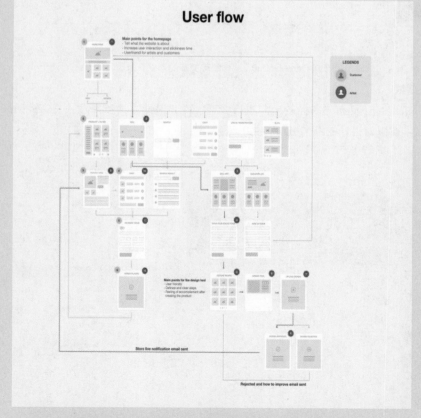

图 5-4　印度设计师 Gautham Mukesh 创作的交互设计图

3. 交互自查

交互设计完成之后，进行交互自查是整个软件界面设计流程中非常重要的一个阶段。可以在执行界面设计之前检查出是否有遗漏缺失的细节问题，具体可以参考 App 中的交互自查。

4. 视觉设计

原型图审查通过后就可以进入视觉设计阶段了，这个阶段的设计图即产品最终呈现给用户的界面，设计要求与网页设计类似。最后运用 Axure、墨刀等软件制作成可交互的高保真原型以便后续的设计测试，如图 5-5 所示。

图 5-5　印度设计师 Paresh Khatri 制作的可交互的高保真原型

5. 设计测试

设计测试阶段是让具有代表性的用户进行典型操作，设计人员和开发人员在此阶段共同观察、记录。在测试中可以对设计的细节进行相关的调整，如图 5-6 所示。

图 5-6　葡萄牙 UX/UI 设计师 Pedro Ribeiro 进行软件界面细节调整

6．验证总结

验证总结是最后一个阶段，是为整套软件进行优化的重要支撑。在产品正式上线后，通过用户的数据反馈进行记录，验证前期的设计，并继续优化，如图 5-7 所示。

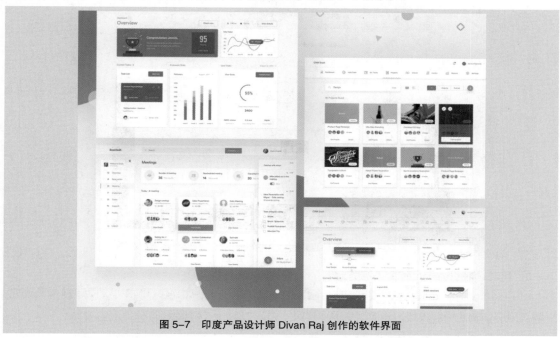

图 5-7　印度产品设计师 Divan Raj 创作的软件界面

5.1.3　软件界面设计的原则

在进行软件界面设计时，我们主要针对计算机应用界面、移动应用界面、网页界面及游戏界面进行设计。针对移动应用界面、网页界面设计原则，我们在前两章中都已阐述，本节主要围绕 Windows 系统下的 Fluent Design 语言（微软于 2017 年开发的设计语言）中的设计原则进行讲解，如图 5-8 所示。

Fluent Design 有自适应、共鸣、美观 3 大原则。

1．自适应：在每台设备上都显得自然

Fluent Design 可根据环境进行调整，很好地在平板电脑、台式机、XBOX 甚至混合现实头戴显示设备上运行。此外，当用户添加更多硬件（如增加额外的显示器）时，Fluent Design 也会正常运行，如图 5-9 所示。

图 5-8　Windows 系统下的 Fluent Design 语言　　　　图 5-9　自适应

2．共鸣：直观且强大

Fluent Design 能了解和预测用户需求，并根据用户的行为和意图进行调整，当某个体验的行为方式符合用户的期望时，该界面就显得很直观，如图 5-10 所示。

图 5-10　使用正确的控件可帮助用户更好地进行交互以符合用户期望

3．美观：吸引力十足且令人沉醉

Fluent Design 重视华丽的效果，通过融入物理世界的元素，如光线、阴影、动效、深度及纹理，来增强用户体验的物理效果，让应用变得更具吸引力，如图 5-11 所示。

图 5-11　界面使用了阴影

5.2　软件界面设计的规范

软件界面设计规范也包括设计尺寸及单位、界面结构、布局、字体及图标 5 个方面，我们围绕 Fluent Design 语言中的规范进行讲解。Fluent Design 语言可以为不同平台的 Windows 10 设备软件界面提供指导，如图 5-12 所示。通过 Fluent Design，不仅能呼应前面移动应用界面、网页界面设计规范，更能系统地掌握 Windows 计算机应用的设计规范。

慕课视频

软件界面设计
的规范

图 5-12　Fluent Design 语言应用于不同平台的 Windows 10 设备的软件界面

5.2.1　软件界面设计的尺寸及单位

1. 相关单位

有效像素（Effective Pixels，eps）简称"e 像素"，是一个虚拟度量单位，用于表示布局尺寸和间距（独立于屏幕密度）。基于 Windows 通过系统缩放保证元素识别的工作原理，在设计通用 Windows 平台应用时，要以有效像素而不是实际物理像素为单位进行设计，在这里 eps 可等同于像素，如图 5-13 所示。

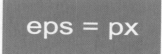

图 5-13　软件设计的单位

2. 设计尺寸

软件在手机、平板电脑、台式机、电视等设备上运行，可建立一套完整的设计系统，而不是为每台设备都进行独立的 UI 设计。其中，通用 Windows 平台应用建议针对 Windows 10 设备的关键断点进行设计，并实现通用，如图 5-14 所示。

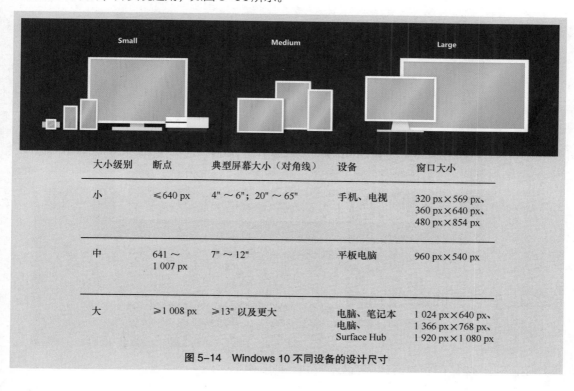

大小级别	断点	典型屏幕大小（对角线）	设备	窗口大小
小	≤640 px	4" ～ 6"；20" ～ 65"	手机、电视	320 px×569 px、360 px×640 px、480 px×854 px
中	641 ～ 1 007 px	7" ～ 12"	平板电脑	960 px×540 px
大	≥1 008 px	≥13" 以及更大	电脑、笔记本电脑、Surface Hub	1 024 px×640 px、1 366 px×768 px、1 920 px×1 080 px

图 5-14　Windows 10 不同设备的设计尺寸

在针对特定断点进行设计时，应针对应用的屏幕可用空间大小进行设计，而不是屏幕大小。当应用全屏运行时，应用窗口的大小与屏幕的大小相同；但当应用不全屏运行时，窗口的大小则小于屏幕的大小，如图 5-15 所示。

图 5-15　罗马尼亚产品设计师 Vlad Grama 创作的未全屏运行的软件界面

5.2.2　软件界面设计的界面结构

通用 Windows 平台的软件界面通常都由导航、命令栏和内容元素组成，如图 5-16 所示。

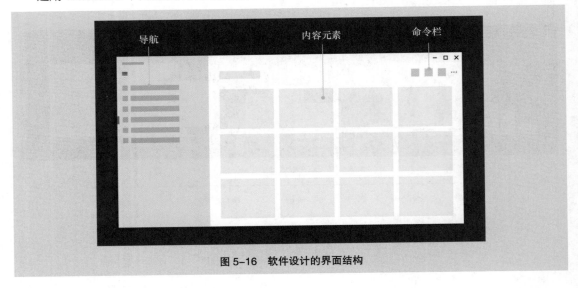

图 5-16　软件设计的界面结构

5.2.3　软件界面设计的布局

1. 页面布局

（1）导航

常见的导航模式有左侧导航和顶部导航两种，如图 5-17 所示。

● 左侧导航：当超过 5 个导航项目或应用程序中超过 5 个页面时，建议使用左侧导航。导航内通常包含导航项目、应用设置栏目及账户设置栏目，如图 5-18 所示。

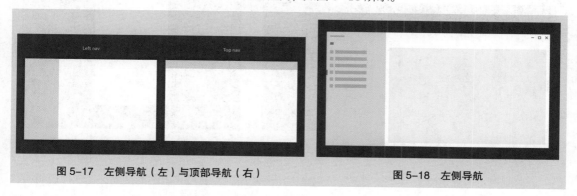

图 5-17　左侧导航（左）与顶部导航（右）　　　　　　　　图 5-18　左侧导航

菜单按钮允许用户展开和折叠导航窗格。当屏幕尺寸大于 640 像素时，单击菜单按钮会将导航面板展开为条形，如图 5-19 所示。

当屏幕尺寸小于 640 像素时，导航面板将完全折叠，如图 5-20 所示。

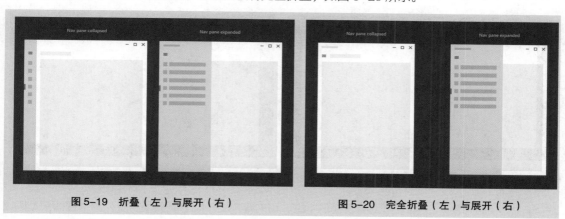

图 5-19　折叠（左）与展开（右）　　　　　　图 5-20　完全折叠（左）与展开（右）

● 顶部导航：顶部导航也可以作为一级导航。相较于可折叠的左侧导航，顶部导航始终可见，如图 5-21 所示。

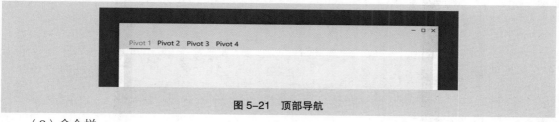

图 5-21　顶部导航

（2）命令栏

命令栏为用户提供应用程序中最常见任务的快速访问方式。命令栏可以提供对应用程序级或页面级命令的访问，并且可以与任何导航模式一起使用。

命令栏可以放在页面的顶部或底部，以最适合应用程序的设计为准，如图 5-22、图 5-23 所示。

（3）内容

内容因应用程序而异，因此可以通过多种不同方式呈现内容。这里，主要通过剖析常见的页面模式来认识内容的布局方式。

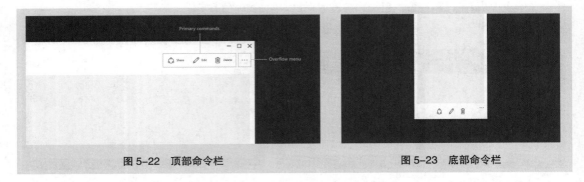

图 5-22　顶部命令栏　　　　　　　　　　　图 5-23　底部命令栏

● 着陆页：着陆页又称为"登录页"，通常为用户使用软件时最先出现的页面。在软件应用中，大面积的设计区域是为了突出显示用户可能想要浏览和使用的内容，如图 5-24 所示。

● 集合页：集合页方便用户浏览内容组或数据组。其中，网格视图适用于照片或以媒体为中心的内容，列表视图则适用于文本或数据密集型的内容，如图 5-25 所示。

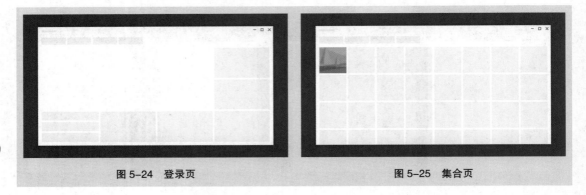

图 5-24　登录页　　　　　　　　　　　　　图 5-25　集合页

● 主 / 细节页：主 / 细节页由列表视图（主）和内容视图（细节）共同组成。两个视图都是固定且可以垂直滚动的。当选择列表视图中的项目时，内容视图也会对应更新，如图 5-26 所示。

图 5-26　主 / 细节页

● 详细信息页：当用户要查看详细内容时，在主 / 细节页的基础上可创建内容的查看页面，以便用户能够不受干扰地查看页面，如图 5-27 所示。

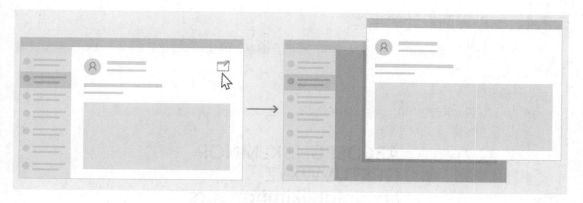

图 5-27　详细信息页

● 表单页：表单是一组控件，用于收集和提交来自用户的数据。大多数应用将表单用于页面设置、账户创建、反馈中心等，如图 5-28 所示。

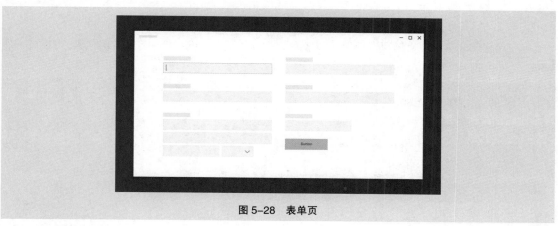

图 5-28　表单页

2．响应式布局

可以通过响应式布局保证软件在所有设备上清晰可辨、易于使用。其中，所有设备尺寸及内外边距的增量都应为 4 epx。对于较小的窗口宽度（小于 640 像素），建议使用 12 epx 外边距，而对于较大的窗口宽度，建议使用 24 epx 外边距，如图 5-29 所示。

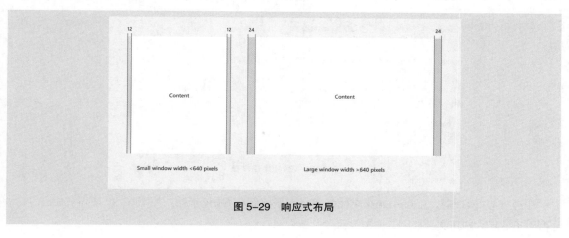

图 5-29　响应式布局

5.2.4　软件界面设计的字体

文字在前面的 App 和网页界面设计中都已详细介绍过，因此本节主要针对 Windows 平台应用介绍文字的使用。

1．系统字体

通用 Windows 平台应用中，建议英文使用默认字体 Segoe UI，如图 5-30 所示。

ABCDEFGHIJKLMNOP
QRSTUVWXYZ
abcdefghijklmnopqurs
tuvwxyz
1234567890

Segoe UI Regular

图 5-30　Segoe UI 字体

当应用显示非英语语言时可选择另一种字体，其中中文建议使用默认字体微软雅黑，如图 5-31 所示。

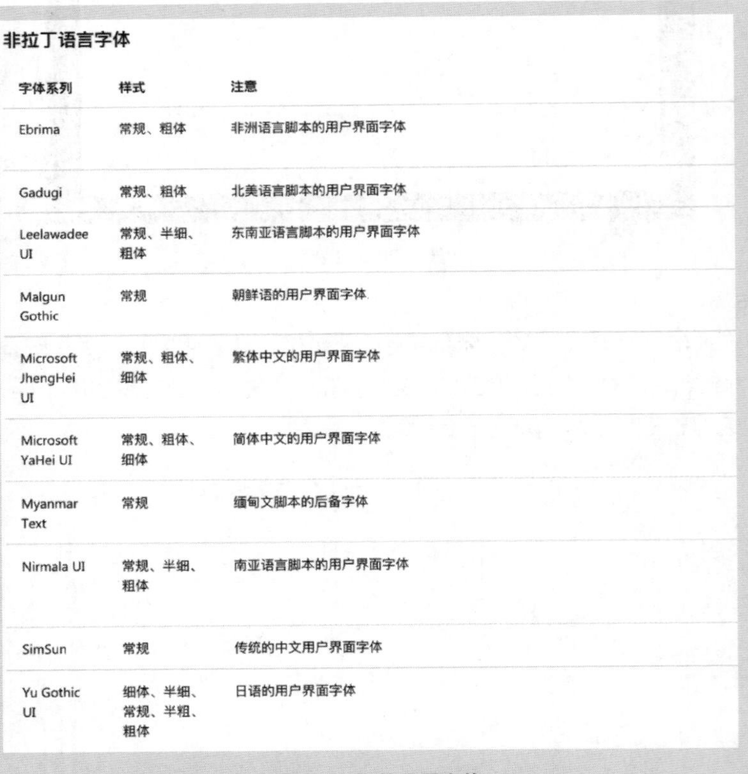

非拉丁语言字体

字体系列	样式	注意
Ebrima	常规、粗体	非洲语言脚本的用户界面字体
Gadugi	常规、粗体	北美语言脚本的用户界面字体
Leelawadee UI	常规、半细、粗体	东南亚语言脚本的用户界面字体
Malgun Gothic	常规	朝鲜语的用户界面字体
Microsoft JhengHei UI	常规、粗体、细体	繁体中文的用户界面字体
Microsoft YaHei UI	常规、粗体、细体	简体中文的用户界面字体
Myanmar Text	常规	缅甸文脚本的后备字体
Nirmala UI	常规、半细、粗体	南亚语言脚本的用户界面字体
SimSun	常规	传统的中文用户界面字体
Yu Gothic UI	细体、半细、常规、半粗、粗体	日语的用户界面字体

图 5-31　微软雅黑字体

在进行 UI 设计时，Sans-serif 字体是适合用于标题和 UI 元素的，如图 5-32 所示。Serif 字体适合用于显示大量正文，如图 5-33 所示。

Sans-serif 字体

Sans-serif 字体是用于标题和 UI 元素的不错选择。

字体系列	样式	注意
Arial	常规、斜体、粗体、粗斜体、黑体	支持欧洲和中东语言脚本 黑粗体仅支持欧洲语言脚本
Calibri	常规、斜体、粗体、粗斜体、细体、细斜体	支持欧洲和中东语言脚本，阿拉伯语仅在竖体中可用
Consolas	常规、斜体、粗体、粗斜体	支持欧洲语言脚本的固定宽度字体
Segoe UI	常规、斜体、细斜体、黑斜体、粗体、粗斜体、细体、半细、半粗、黑体	欧洲和中东语言脚本及傈僳语脚本的用户界面字体
Selawik	常规、半细、细体、粗体、半粗	计量方面与 Segoe UI 兼容的开源字体，用于其他平台上不希望包含 Segoe UI 的应用

图 5-32　标题字体

Serif 字体

Serif 字体适合用于显示大量文本。

字体系列	样式	注意
Cambria	常规	支持欧洲语言脚本的 Serif 字体
Courier New	常规、斜体、粗体、粗斜体	支持欧洲和中东语言脚本的 Serif 固定宽度字体
Georgia	常规、斜体、粗体、粗斜体	支持欧洲语言脚本
Times New Roman	常规、斜体、粗体、粗斜体	支持欧洲语言脚本的传统字体

图 5-33　正文字体

2．字体大小

通用 Windows 平台上的字体通过字号及字重的变化，在页面上建立了信息的层次关系，帮助用户轻松阅读内容，如图 5-34 所示。

Type	Weight	Size	Line height
Header	Light	46px	56px
Subheader	Light	34px	40px
Title	Semilight	24px	28px
Subtitle	Regular	20px	24px
Base	Semibold	15px	20px
Body	Regular	15px	20px
Caption	Regular	12px	14px

图 5-34　不同字重和字号

5.2.5 软件界面设计的图标

软件中的图标主要分为应用图标和界面图标，如图5-35所示。

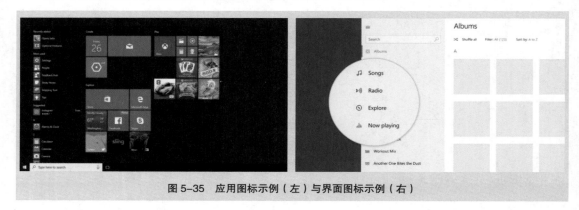

图5-35　应用图标示例（左）与界面图标示例（右）

1. 应用图标

应用图标在前面针对iOS和Android系统进行过详细的讲解，本节主要讲解Windows平台中的应用图标。应用图标会应用于Windows中的不同场景，由于场景不同，图标的具体名称也会有所变化，如图5-36所示。

图标名称	显示在	资产文件名称
小磁贴	"开始"菜单中	SmallTile.png
中等磁贴	"开始"菜单中，Microsoft Store listing\ *	Square150x150Logo.png
宽磁贴	"开始"菜单中	Wide310x150Logo.png
大磁贴	"开始"菜单中，Microsoft Store listing\ *	LargeTile.png
应用图标	在"开始"菜单、任务栏、任务管理器的应用列表中	Square44x44Logo.png
初始屏幕	应用的初始屏幕中	SplashScreen.png
锁屏提醒徽标	你的应用磁贴中	BadgeLogo.png
程序包徽标/应用商店徽标	应用安装程序、合作伙伴中心、应用商店、应用商店的"写评论"选项中的"报告应用程序"选项中	StoreLogo.png

图5-36　应用图标的名称

（1）磁贴图标

4个磁贴大小分别为小（71 px×71 px）、中（150 px×150 px）、宽（310 px×150 px）、大（310 px×310 px）。

小磁贴：将图标宽度和高度限制为磁贴大小（71 px×71 px）的66%，如图5-37所示。

中磁贴：将图标宽度限制为磁贴大小（150 px×150 px）的66%，将高度限制为50%，这样可以防止品牌栏中的元素重叠，如图5-38所示。

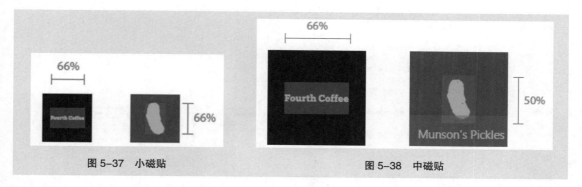

图 5-37　小磁贴　　　　　　　　　　　图 5-38　中磁贴

宽磁贴：将图标宽度限制为磁贴大小（310 px×150 px）的66%，将高度限制为50%，这样可以防止品牌栏中的元素重叠，如图 5-39 所示。

图 5-39　宽磁贴

大磁贴：将图标宽度限制为磁贴大小（310 px×310 px）的66%，将高度限制为50%，如图 5-40所示。

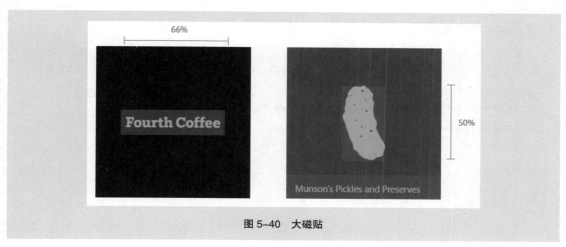

图 5-40　大磁贴

（2）应用图标

桌面"开始"菜单的应用列表、桌面任务栏、桌面快捷方式、桌面控制面板中，应用图标的设计尺寸如图 5-41 所示。

（3）初始屏幕图标

初始屏幕的尺寸如图 5-42 所示，图标对应放置于屏幕内，一般建议在 620 px×300 px 的初始屏幕内进行图标设计。

资源大小	文件名示例
16x16*	Square44x44Logo.targetsize-16.png
24x24*	Square44x44Logo.targetsize-24.png
32x32*	Square44x44Logo.targetsize-32.png
48x48*	Square44x44Logo.targetsize-48.png
256x256*	Square44x44Logo.targetsize-256.png
20x20	Square44x44Logo.targetsize-20.png
30x30	Square44x44Logo.targetsize-30.png
36x36	Square44x44Logo.targetsize-36.png
40x40	Square44x44Logo.targetsize-40.png
60x60	Square44x44Logo.targetsize-60.png
64x64	Square44x44Logo.targetsize-64.png
72x72	Square44x44Logo.targetsize-72.png
80x80	Square44x44Logo.targetsize-80.png
96x96	Square44x44Logo.targetsize-96.png

图 5-41　应用图标的设计尺寸
（注：“*”表示建议最少提供的尺寸）

图 5-42　初始屏幕

（4）锁屏提醒图标

锁屏提醒图标和其他应用图标不同，设计师不能提供自己的锁屏提醒图像，仅可以使用系统提供的锁屏提醒图像。

（5）应用商店图标

在应用商店中，可以上传图标代替图像，其尺寸分别为 300 px×300 px、150 px×150 px 和 71 px×71 px。虽然需要提供 3 个大小，但设计只进行 300 px×300 px 即可，如图 5-43 所示。

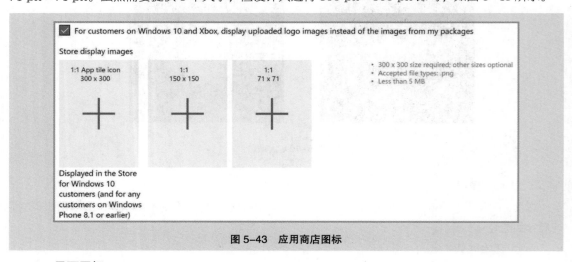

图 5-43　应用商店图标

2．界面图标

界面图标在前面针对 App 和网页的界面设计中进行过详尽的讲解，因此这里主要总结 Windows

软件界面图标的一些正确使用方法。

- 使用系统自带图标

Microsoft 向用户提供了 1 000 多个 Segoe MDL2 Assets 字体格式的图标，如图 5-44 所示。这些字体图标能够在不同的显示器、分辨率甚至尺寸下保证清晰、简洁。

- 使用图标字体

推荐使用图标字体，这里除了系统自带的 Segoe MDL2 Assets 字体，还可以使用 Wingdings 或 Webdings 的图标字体，如图 5-45 所示。

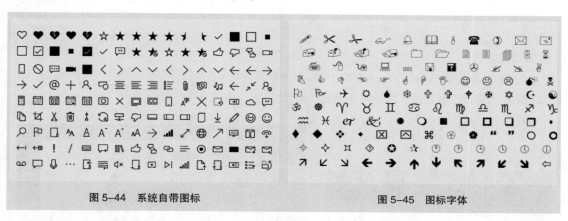

图 5-44 系统自带图标　　　　　　　　　　　图 5-45 图标字体

- 使用可缩放的矢量图 SVG 文件

SVG 文件可以在任何尺寸或分辨率下都拥有清晰的外观，并且大多数绘图软件都可以导出为 SVG，因此它非常适合作为图标资源，如图 5-46 所示。

- 使用几何图形对象

几何图形与 SVG 文件一样，也是一种基于矢量的资源，所以可以保证清晰的外观。 由于必须单独指定每个点和曲线，因此创建几何图形比较复杂，如图 5-47 所示。不过，如果需要在应用运行时修改图标（以便对其进行动画处理等），它确实非常适用。

图 5-46 SVG 文件

- 可以使用位图图像（如 PNG、GIF 或 JPEG），不过不建议这样做

位图要以特定尺寸创建，当图像缩小时，它通常会变模糊；当图像放大时，它通常会带有像素颗粒，如图 5-48 所示，因此不建议这样设计。如果必须使用位图，建议使用 PNG 或 GIF，而不是 JPEG。

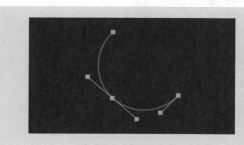

图 5-47 几何图形对象

图 5-48 位图图像

5.3　软件常用界面类型

软件界面设计是影响整个软件用户体验的关键所在。在软件界面中，常用界面类型为启动页、着陆页、集合页、主 / 细节页、详细信息页及表单页。

1. 启动页

慕课视频

软件常用界面类型

启动页，英文名称为 "Splash Screen"，通常是用户等待应用程序启动时的界面。出色的启动页令用户在等待软件启动时眼前一亮，并对产品有更为深刻的印象，如图 5-49 所示。

2. 着陆页

着陆页，又称为 "登录页"，通常为用户使用软件时最先出现的页面。在软件应用中，大面积的设计区域用来突出显示用户可能想要浏览和使用的内容，如图 5-50 所示。

图 5-49　启动页　　　　　　　　　　图 5-50　着陆页

3. 集合页

集合页方便用户浏览内容组或数据组。其中，网格视图适用于照片或以媒体为中心的内容，列表视图则适用于文本或数据密集型的内容，如图 5-51 所示。

图 5-51　集合页

4．主/细节页

主/细节页由列表视图（主）和内容视图（细节）共同组成。两个视图都是固定的且可以垂直滚动。当选择列表视图中的项目时，内容视图也会对应更新，如图5-52所示。

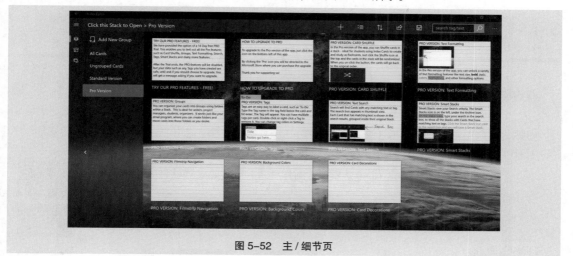

图5-52　主/细节页

5．详细信息页

当用户要查看详细内容时，在主/细节页的基础上可创建内容的查看页面，以便用户能够不受干扰地查看页面，如图5-53所示。

图5-53　详细信息页

6．表单页

表单是一组控件，用于收集和提交来自用户的数据。大多数应用将表单用于页面设置、账户创建、反馈中心等，如图5-54所示。

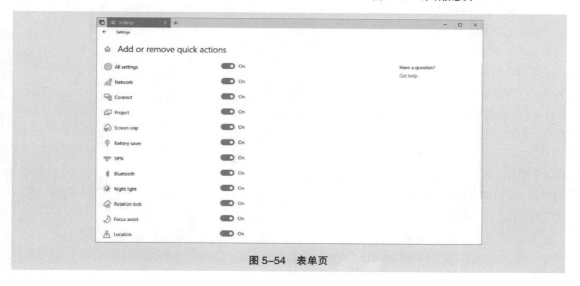

图5-54　表单页

5.4 课堂案例——制作音乐播放器软件

5.4.1 课堂案例——制作 Song 音乐播放器软件首页

【案例学习目标】学习使用绘图工具、文字工具和"创建剪贴蒙版"命令制作音乐播放器软件首页。

【案例知识要点】使用"矩形"工具添加底图颜色,使用"置入"命令置入图片,使用剪贴蒙版调整图片显示区域,使用"横排文字"工具添加文字,使用"矩形"工具、"圆角矩形"工具、"椭圆"工具和"直线"工具绘制基本形状,效果如图 5-55 所示。

【效果所在位置】云盘 /Ch05/ 效果 / 制作 Song 音乐播放器软件 / 制作 Song 音乐播放器软件首页 .psd。

图 5-55

1. 制作侧导航栏

(1)按 Ctrl+N 组合键,新建一个文件,宽度为 900 像素,高度为 580 像素,分辨率为 72 像素 / 英寸,将背景内容设为灰色(241、241、241),如图 5-56 所示,单击"创建"按钮,完成文档的新建。

(2)选择"视图 > 新建参考线版面"命令,弹出"新建参考线版面"对话框,设置如图 5-57 所示。单击"确定"按钮,完成参考线的创建。

(3)选择"视图 > 新建参考线"

图 5-56

命令,弹出"新建参考线"对话框,在 74 像素的位置新建一条水平参考线,设置如图 5-58 所示,单击"确定"按钮，完成参考线的创建。用相同的方法，在520像素的位置创建另一条水平参考线，在194像素的位置创建一条垂直参考线，效果如图5-59所示。

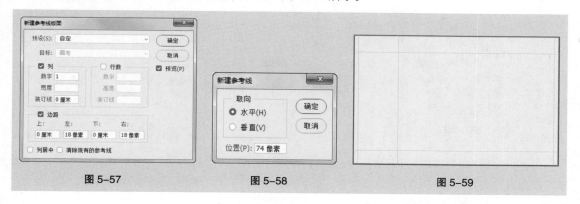

图 5-57　　　　　　　　　图 5-58　　　　　　　　　图 5-59

（4）选择"矩形"工具 □，在属性栏中的"选择工具模式"选项中选择"形状"，将"填充"颜色设为浅灰色（246、246、246），"描边"颜色设为无。在图像窗口中适当的位置绘制矩形，如图5-60所示，在"图层"面板中生成新的形状图层"矩形1"。

（5）选择"椭圆"工具 ○，按住Shift键的同时，在图像窗口中适当的位置绘制圆形。在属性栏中将"填充"颜色设为黑色，"描边"颜色设为无，如图5-61所示，在"图层"面板中生成新的形状图层"椭圆1"。

（6）选择"文件 > 置入嵌入对象"命令，弹出"置入嵌入的对象"对话框，选择云盘中的"Ch05素材 > 制作Song音乐播放器软件 > 制作Song音乐播放器软件首页 > 01"文件，单击"置入"按钮，将图片置入到图像窗口中。将其拖曳到适当的位置并调整其大小，按Enter键确认操作，在"图层"面板中生成新的图层并将其命名为"头像"。按Alt+Ctrl+G组合键，为"头像"图层创建剪贴蒙版，效果如图5-62所示。

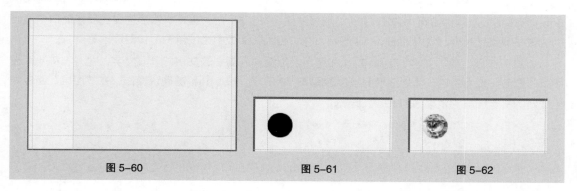

图 5-60　　　　　　　　　图 5-61　　　　　　　　　图 5-62

（7）选择"横排文字"工具 T，在适当的位置分别输入需要的文字并分别选取文字。选择"窗口 > 字符"命令，弹出"字符"面板，将"颜色"设为灰色（103、103、103），其他选项的设置如图5-63和图5-64所示，按Enter键确认操作，效果如图5-65所示，在"图层"面板中分别生成新的文字图层。

（8）选择"横排文字"工具 T，在适当的位置输入需要的文字并选取文字，在"字符"面板中将"颜色"设为灰色（103、103、103），其他选项的设置如图5-66所示，按Enter键确认操作，效果如图5-67所示，在"图层"面板中生成新的文字图层。

图 5-63   图 5-64   图 5-65

（9）选择"圆角矩形"工具 □，在属性栏中将"填充"颜色设为蓝色（63、170、254），"描边"颜色设为无，"半径"选项设为 2 像素。在距离上方文字 12 像素的位置绘制圆角矩形，如图 5-68 所示，在"图层"面板中生成新的形状图层"圆角矩形 1"。

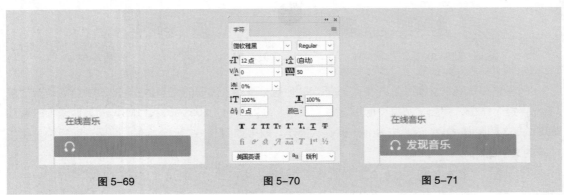

图 5-66   图 5-67   图 5-68

（10）按 Ctrl+O 组合键，打开云盘中的"Ch05 > 素材 > 制作 Song 音乐播放器软件 > 制作 Song 音乐播放器软件首页 > 02"文件。选择"移动"工具 ⊕，将耳机图形拖曳到图像窗口中适当的位置并调整其大小，效果如图 5-69 所示，在"图层"面板中生成新的形状图层"耳机"。

（11）选择"横排文字"工具 T，在适当的位置输入需要的文字并选取文字，在"字符"面板中将"颜色"设为白色，其他选项的设置如图 5-70 所示，按 Enter 键确认操作，在"图层"面板中生成新的文字图层，效果如图 5-71 所示。

图 5-69   图 5-70   图 5-71

（12）选择"横排文字"工具 T，在适当的位置拖曳文本框，输入需要的文字并选取文字，在

"字符"面板中将"颜色"设为黑色，其他选项的设置如图 5-72 所示，按 Enter 键确认操作，在"图层"面板中生成新的文字图层，效果如图 5-73 所示。用相同的方法输入其他文字，效果如图 5-74 所示。

（13）在"02"图像窗口中，选择"移动"工具 ，选中"视频"图层，将其拖曳到图像窗口中适当的位置并调整其大小，效果如图 5-75 所示，在"图层"面板中生成新的形状图层"视频"。

图 5-72

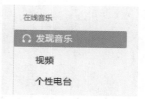

图 5-73

用相同的方法分别将需要的图层拖曳到图像窗口中并调整其大小，如图 5-76 所示。

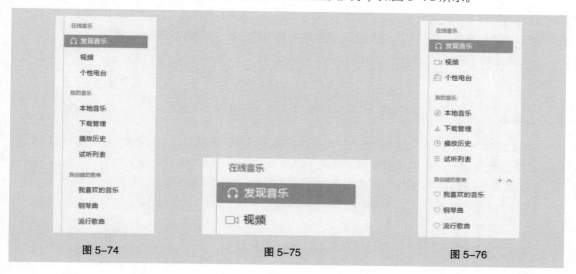

图 5-74　　　　　　　　　　图 5-75　　　　　　　　　　图 5-76

（14）按住 Shift 键的同时，单击"视频"图层，将需要的图层同时选取，按 Ctrl+G 组合键，群组图层并将其命名为"小图标"。按住 Shift 键的同时，单击"矩形 1"图层，将需要的图层同时选取，按 Ctrl+G 组合键，群组图层并将其命名为"侧导航"。

2．制作导航栏

（1）选择"矩形"工具 □，在属性栏中将"填充"颜色设为白色，"描边"颜色设为无。在图像窗口中适当的位置绘制矩形，如图 5-77 所示，在"图层"面板中生成新的形状图层"矩形 2"。

图 5-77

（2）选择"视图 > 新建参考线"命令，弹出"新建参考线"对话框，在 36 像素的位置新建一条水平参考线，设置如图 5-78 所示，单击"确定"按钮，完成参考线的创建，效果如图 5-79 所示。

（3）选择"圆角矩形"工具 □，在属性栏中将"粗细"选项设为 1 像素，"半径"选项设为 2 像素，在图像窗口中适当的位置绘制圆角矩形。在属性栏中将"填充"颜色设为无，"描边"颜色设为灰色（148、148、148），效果如图 5-80 所示，在"图层"面板中生成新的形状图层"圆角矩形 2"。

图 5-78   图 5-79

（4）选择"直线"工具 <u>／</u>，在属性栏中将"粗细"选项设为 1 像素，按住 Shift 键的同时，在图像窗口中适当的位置绘制直线。在属性栏中将"填充"颜色设为无，"描边"颜色设为灰色（148、148、148），效果如图 5-81 所示，在"图层"面板中生成新的形状图层"形状 1"。

（5）在"02"图像窗口中，选择"移动"工具 <u>✛</u>，选中"上一页"图层，将其拖曳到图像窗口中适当的位置并调整其大小，效果如图 5-82 所示，在"图层"面板中生成新的形状图层"上一页"。用相同的方法，拖曳"下一页"图层到图像窗口中适当的位置，效果如图 5-83 所示。

图 5-80   图 5-81   图 5-82

（6）选择"圆角矩形"工具 <u>▢</u>，在属性栏中将"半径"选项设为 10 像素，在图像窗口中适当的位置绘制圆角矩形。在属性栏中将"填充"颜色设为浅灰色（234、234、234），"描边"颜色设为无，如图 5-84 所示，在"图层"面板中生成新的形状图层"圆角矩形 3"。

图 5-83   图 5-84

（7）选择"横排文字"工具 <u>T</u>，在适当的位置输入需要的文字并选取文字，在"字符"面板中将"颜色"设为灰色（234、234、234），其他选项的设置如图 5-85 所示，按 Enter 键确认操作，效果如图 5-86 所示，在"图层"面板中生成新的文字图层。

（8）在"02"图像窗口中，选择"移动"工具 <u>✛</u>，选中"搜索"图层，将其拖曳到图像窗口中适当的位置并调整其大小，效果如图 5-87 所示，在"图层"面板中生成新的形状图层"搜索"。

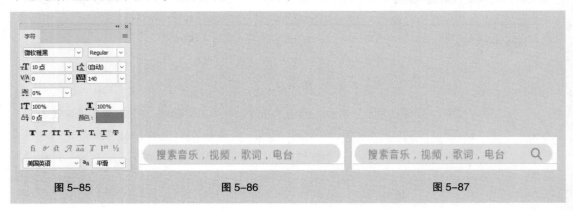

图 5-85   图 5-86   图 5-87

（9）用相同的方法，分别将其他需要的图层拖曳到图像窗口中适当的位置，如图5-88所示。

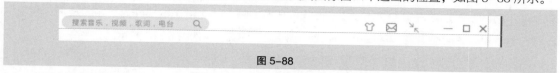

图 5-88

（10）选择"横排文字"工具 **T.**，在距离上方图形14像素的位置输入需要的文字并选取文字，在"字符"面板中将"颜色"设为深灰色（39、39、39），其他选项的设置如图5-89所示，按Enter键确认操作，在"图层"面板中生成新的文字图层。再次选取需要的文字，在"字符"面板中将"颜色"设为蓝色（63、170、254），效果如图5-90所示。

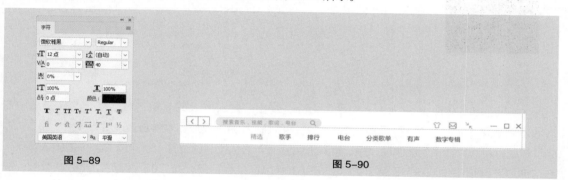

图 5-89　　　　　　　　　　　　　　　图 5-90

（11）选择"直线"工具 **/**，在属性栏中将"填充"颜色设为无，"描边"颜色设为蓝色（63、170、254），"粗细"选项设为2像素。按住Shift键的同时，在图像窗口中适当的位置绘制直线，如图5-91所示，在"图层"面板中生成新的形状图层"形状2"。

（12）按住Shift键的同时，单击"矩形2"图层，将需要的图层同时选取，按Ctrl+G组合键，群组图层并将其命名为"导航栏"，如图5-92所示。

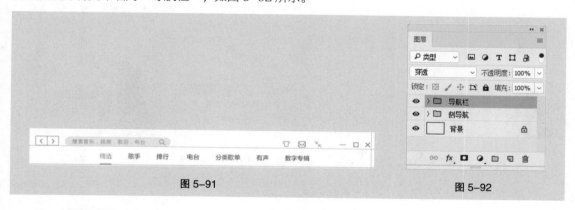

图 5-91　　　　　　　　　　　　　　　图 5-92

3．制作内容区1

（1）选择"视图 > 新建参考线"命令，弹出"新建参考线"对话框，在228像素的位置新建一条垂直参考线，设置如图5-93所示，单击"确定"按钮，完成参考线的创建。

（2）选择"矩形"工具 **□**，在属性栏中将"填充"颜色设为黑色，"描边"颜色设为无。在距离上方图形42像素的位置绘制矩形，如图5-94所示，在"图层"面板中生成新的形状图层"矩形3"。

图 5-93

（3）按 Ctrl+J 组合键，复制"矩形 3"图层，在"图层"面板中生成新的形状图层"矩形 3 拷贝"，将其"不透明度"选项设置为 70%，如图 5-95 所示，按 Enter 键确认操作。单击"矩形 3 拷贝"图层左侧的眼睛图标 ，隐藏该图层，并选中"矩形 3"图层，如图 5-96 所示。

图 5-94　　　　　　　　　　图 5-95　　　　　　　　　　图 5-96

（4）选择"文件 > 置入嵌入对象"命令，弹出"置入嵌入的对象"对话框，选择云盘中的"Ch05 > 素材 > 制作 Song 音乐播放器软件 > 制作 Song 音乐播放器软件首页 > 03"文件，单击"置入"按钮，将图片置入到图像窗口中。将其拖曳到适当的位置并调整其大小，按 Enter 键确认操作，在"图层"面板中生成新的图层"03"。按 Alt+Ctrl+G 组合键，为"03"图层创建剪贴蒙版，图像效果如图 5-97 所示。

（5）选择"横排文字"工具 **T.**，在适当的位置输入需要的文字并选取文字，在"字符"面板中将"颜色"设为橘黄色（255、103、1），其他选项的设置如图 5-98 所示，按 Enter 键确认操作，效果如图 5-99 所示，在"图层"面板中生成新的文字图层。

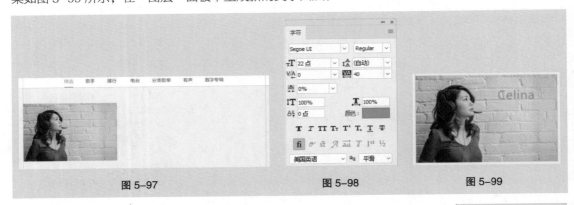

图 5-97　　　　　　　　　　图 5-98　　　　　　　　　　图 5-99

（6）选择"矩形"工具 **□.**，在属性栏中将"填充"颜色设为无，"描边"颜色设为橘黄色（255、103、1），"粗细"选项设为 1 像素。在图像窗口中适当的位置绘制矩形，如图 5-100 所示，在"图层"面板中生成新的形状图层"矩形 4"。

（7）选择"横排文字"工具 **T.**，在适当的位置输入需要的文字并选取文字，在"字符"

图 5-100　　　　　　　　　　图 5-101

面板中将"颜色"设为橘黄色（255、103、1），其他选项的设置如图 5-101 所示，按 Enter 键确认操作，效果如图 5-102 所示，在"图层"面板中生成新的文字图层。

（8）在适当的位置再次输入需要的文字并选取文字，在"字符"面板中将"颜色"设为白色，其他选项的设置如图 5-103 所示，按 Enter 键确认操作，效果如图 5-104 所示，在"图层"面板中生成新的文字图层。

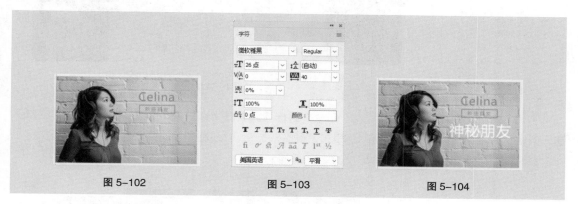

图 5-102   图 5-103   图 5-104

（9）选择"直线"工具 ／，在属性栏中将"填充"颜色设为无，"描边"颜色设为白色，"粗细"选项设为 1 像素。按住 Shift 键的同时，在图像窗口中适当的位置绘制直线，在"图层"面板中生成新的形状图层"形状 3"。

（10）选择"直接选择"工具 ▶，选取需要的锚点，如图 5-105 所示，将其拖曳到适当的位置，效果如图 5-106 所示。

图 5-105   图 5-106

（11）选择"横排文字"工具 T，在适当的位置输入需要的文字并选取文字，在"字符"面板中将"颜色"设为橘黄色（255、103、1），其他选项的设置如图 5-107 所示，按 Enter 键确认操作，效果如图 5-108 所示，在"图层"面板中生成新的文字图层。

（12）单击"矩形 3 拷贝"图层左侧的空白图标 □，显示该图层，效果如图 5-109 所示。按住 Shift 键的同时，单击"矩形 3"图层，将需要的图层同时选取，按 Ctrl+G 组合键，群组图层并将其命名为"左侧 Banner"，如图 5-110 所示。

图 5-107   图 5-108   图 5-109

（13）用相同的方法制作"右侧 Banner"和"中间 Banner"，效果如图 5-111 所示。

图 5-110   图 5-111

（14）选择"视图 > 新建参考线"命令，弹出"新建参考线"对话框，在 296 像素的位置新建一条水平参考线，如图 5-112 所示，单击"确定"按钮，完成参考线的创建。用相同的方法，在868 像素的位置创建一条垂直参考线，效果如图 5-113 所示。

图 5-112   图 5-113

（15）选择"圆角矩形"工具 ◻.，在属性栏中将"半径"选项设为 10 像素，在图像窗口中适当的位置绘制圆角矩形。在属性栏中将"填充"颜色设为浅灰色（215、215、215），"描边"颜色设为无，如图 5-114 所示，在"图层"面板中生成新的形状图层并将其命名为"滚动条"。

图 5-114

（16）选择"直线"工具 ╱，在属性栏中将"粗细"选项设为 2 像素，按住 Shift 键的同时，在距离上方图形 22 像素的位置绘制直线。在属性栏中将"填充"颜色设为灰色（167、167、167），"描边"颜色设为无，在"图层"面板中生成新的形状图层"形状 5"，如图 5-115 所示。

（17）选择"移动"工具 ✛，按 Alt+Shift+T 组合键，选中图形，按住 Shift 键的同时，将图形拖曳到适当的位置，按 Enter 键确认操作，在"图层"面板中生成新的形状图层"形状 5 拷贝"。连续按 Alt+Shift+Ctrl+T 组合键，复制多个形状，如图 5-116 所示。

图 5-115   图 5-116

（18）选择"形状5拷贝4"图层，在属性栏中将"填充"颜色设为蓝色（63、170、254），图像效果如图5-117所示。按住Shift键的同时，单击"左侧Banner"图层组，将需要的图层同时选取，按Ctrl+G组合键，群组图层并将其命名为"内容区1"。

图 5-117

4. 制作内容区2

（1）选择"视图 > 新建参考线"命令，弹出"新建参考线"对话框，在212像素的位置新建一条垂直参考线，设置如图5-118所示。用相同的方法创建一条水平参考线，设置如图5-119所示，单击"确定"按钮，完成参考线的创建。

图 5-118　　　　　　　　　　　　　　　　图 5-119

（2）选择"横排文字"工具 **T.**，在适当的位置分别输入需要的文字并选取文字，在"字符"面板中将"颜色"设为深灰色（39、39、39），其他选项的设置如图5-120和图5-121所示，按Enter键确认操作，效果如图5-122所示，在"图层"面板中分别生成新的文字图层。

图 5-120　　　　图 5-121　　　　　　　　　图 5-122

（3）选择"直线"工具 **/.**，在属性栏中将"填充"颜色设为无，"描边"颜色设为灰色（191、191、191），"粗细"选项设为1像素。按住Shift键的同时，在距离文字10像素的位置绘制直线，如图5-123所示，在"图层"面板中生成新的形状图层"形状6"。

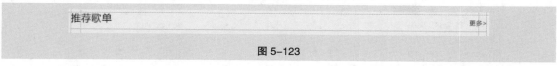

图 5-123

（4）选择"视图 > 新建参考线"命令，弹出"新建参考线"对话框，设置如图5-124所示，单击"确定"按钮，完成参考线的创建。用相同的方法创建另外两条参考线，设置如图5-125和图5-126所示，单击"确定"按钮，完成参考线的创建。

（5）选择"矩形"工具 **□.**，在属性栏中将"粗细"选项设为1像素，在图像窗口中适当的位置绘制矩形。在属性栏中将"填充"颜色设为无，"描边"颜色设为浅灰色（220、220、220），如图 5-127 所示，在"图层"面板中生成新的形状图层"矩形7"。

图 5-124　　　　　　　　图 5-125　　　　　　　　图 5-126

（6）选择"横排文字"工具 **T**，在适当的位置输入需要的文字并选取文字，在"字符"面板中将"颜色"设为深灰色（39、39、39），其他选项的设置如图 5-128 所示，按 Enter 键确认操作。用相同的方法输入蓝色（63、170、254）文字，其他选项的设置如图 5-129 所示，效果如图 5-130 所示。

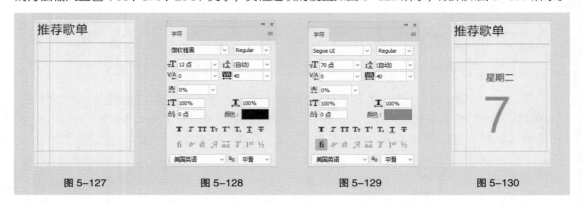

图 5-127　　　　　　图 5-128　　　　　　图 5-129　　　　　　图 5-130

（7）在适当的位置再次输入需要的文字并选取文字，在"字符"面板中将"颜色"设为深灰色（39、39、39），其他选项的设置如图 5-131 所示，按 Enter 键确认操作，效果如图 5-132 所示，在"图层"面板中分别生成新的文字图层。

（8）按住 Shift 键的同时，单击"矩形7"图层，将需要的图层同时选取，按 Ctrl+G 组合键，群组图层并将其命名为"歌单1"，如图 5-133 所示。

图 5-131　　　　　　图 5-132　　　　　　图 5-133

（9）选择"视图 > 新建参考线版面"命令，弹出"新建参考线版面"对话框，设置如图 5-134 所示。单击"确定"按钮，完成参考线的创建，效果如图 5-135 所示。

（10）选择"矩形"工具 □，在属性栏中将"填充"颜色设为浅灰色（241、241、241），"描边"颜色设为无。在图像窗口中适当的位置绘制矩形，如图 5-136 所示，在"图层"面板中生成新的形状图层"矩形8"。

图 5-134   图 5-135

（11）选择"文件 > 置入嵌入对象"命令，弹出"置入嵌入的对象"对话框，选择云盘中的
"Ch05 > 素材 > 制作Song 音乐播放器软件 > 制作Song 音乐播放器软件首页 > 06"文件，单击"置入"
按钮，将图片置入到图像窗口中。将其拖曳到适当的位置并调整其大小，按 Enter 键确认操作，在"图层"
面板中生成新的图层。按 Alt+Ctrl+G 组合键，为"06"图层创建剪贴蒙版，图像效果如图 5-137 所示。

（12）在"02"图像窗口中，选择"移动"工具 ⊕ ，选中"耳机"图层，将其拖曳到图像窗口
中适当的位置并调整其大小，效果如图 5-138 所示，在"图层"面板中生成新的形状图层"耳机"。

图 5-136   图 5-137   图 5-138

（13）选择"横排文字"工具 T. ，在适当的位置输入需要的文字并选取文字，在"字符"面板中将
"颜色"设为白色，其他选项的设置如图 5-139 所示，按 Enter 键确认操作。再次输入文字，在"字
符"面板中将"颜色"设为深灰色（39、39、39），其他选项的设置如图 5-140 所示，按 Enter 键
确认操作，效果如图 5-141 所示，在"图层"面板中分别生成新的文字图层。按住 Shift 键的同时，
单击"矩形8"图层，将需要的图层同时选取，按 Ctrl+G 组合键，群组图层并将其命名为"歌单 2"。

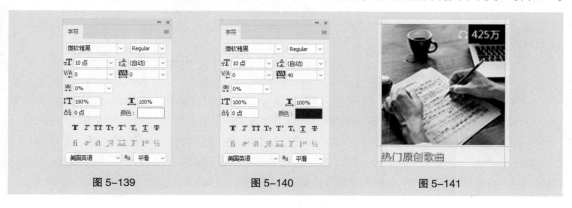

图 5-139   图 5-140   图 5-141

（14）用相同的方法分别制作"歌单3""歌单4"和"歌单5"图层组，效果如图5-142所示。按住Shift键的同时，单击"推荐歌单"图层，将需要的图层同时选取，按Ctrl+G组合键，群组图层并将其命名为"内容区2"。

图5-142

5. 制作控制栏

（1）选择"矩形"工具 □，在属性栏中将"填充"颜色设为浅灰色（246、246、246），"描边"颜色设为无。在图像窗口中适当的位置绘制矩形，如图5-143所示，在"图层"面板中生成新的形状图层"矩形9"。

图5-143

（2）单击"图层"面板下方的"添加图层样式"按钮 fx，在弹出的菜单中选择"投影"命令，弹出对话框，设置阴影颜色为灰色（151、151、151），其他选项的设置如图5-144所示，单击"确定"按钮，效果如图5-145所示。

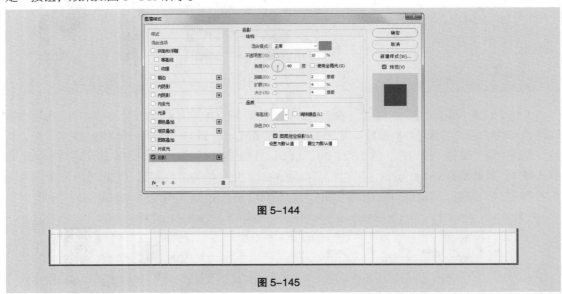

图5-144

图5-145

（3）在"02"图像窗口中，选择"移动"工具 ⊕，选中"开始键"图层，将其拖曳到图像窗口中适当的位置并调整其大小，效果如图5-146所示，在"图层"面板中生成新的形状图层"开始键"。

（4）选择"横排文字"工具 T，在适当的位置分别输入需要的文字并选取文字，在"字符"面板中将"颜色"设为深灰色（80、80、80），其他选项的设置如图5-147所示，按Enter键确认操作，在"图层"面板中分别生成新的文字图层，效果如图5-148所示。

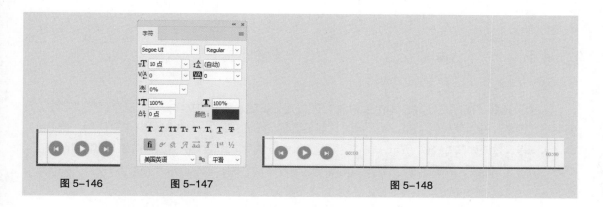

图 5-146　　　　　　图 5-147　　　　　　　　　　图 5-148

（5）选择"椭圆"工具 ◯，在属性栏中将"填充"颜色设为蓝色（63、170、254），"描边"
颜色设为无。按住 Shift 键的同时，在图像窗口中适当的位置绘制圆形，
如图 5-149 所示，在"图层"面板中生成新的形状图层"椭圆 2"。
在属性栏中将"粗细"选项设为 1 像素，在图像窗口中再次绘制一个圆
形。在属性栏中将"填充"颜色设为无，"描边"颜色设为灰色（167、
167、167），效果如图 5-150 所示，在"图层"面板中生成新的形状
图层"椭圆 3"。

图 5-149

图 5-150

（6）选择"直线"工具 ╱，在属性栏中将"粗细"选项设为 3 像素，
按住 Shift 键的同时，在图像窗口中适当的位置绘制直线。在属性栏中将"填充"颜色设为灰色（220、
220、220），"描边"颜色设为无，如图 5-151 所示，在"图层"面板中生成新的形状图层"形状 7"。

（7）在"02"图像窗口中，选择"移动"工具 ✛，选中"音量"图层，将其拖曳到图像窗口
中适当的位置并调整其大小，效果如图 5-152 所示，在"图层"面板中生成新的形状图层"音量"。

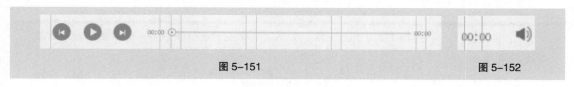

图 5-151　　　　　　　　　　　　　　　　　　　　图 5-152

（8）选择"直线"工具 ╱，在属性栏中将"填充"颜色设为无，"描边"颜色设为灰色（220、
220、220），"粗细"选项设为 3 像素。按住 Shift 键的同时，在图像窗口中适当的位置绘制直线，
如图 5-153 所示，在"图层"面板中生成新的形状图层"形状 8"。按 Ctrl+J 组合键，复制图层，
在"图层"面板中生成新的形状图层"形状 8 拷贝"。在属性栏中将"填充"颜色设为蓝色（63、
170、254）。选择"直接选择"工具 ▷，选取需要的锚点，如图 5-154 所示，并将其拖曳到适当
的位置，效果如图 5-155 所示。

图 5-153　　　　　　　　　　图 5-154　　　　　　　　　　图 5-155

（9）在"02"图像窗口中，选择"移动"工具 ✛，选中"循环播放"图层，将其拖曳到图像
窗口中适当的位置并调整其大小，效果如图 5-156 所示，在"图层"面板中生成新的形状图层"循
环播放"。用相同的方法分别将需要的图层拖曳到图像窗口中，并调整其大小，如图 5-157 所示。

图 5-156　　　　　　　　　　　　　　　　　　　图 5-157

（10）选择"横排文字"工具 **T** ，在适当的位置分别输入需要的文字并选取文字，在"字符"面板中将"颜色"设为深灰色（80、80、80），其他选项的设置如图 5-158 和图 5-159 所示，按 Enter键确认操作，效果如图 5-160 所示，在"图层"面板中分别生成新的文字图层。按住 Shift 键的同时，单击"矩形 9"图层，将需要的图层同时选取，按 Ctrl+G 组合键，群组图层并将其命名为"控制栏"。

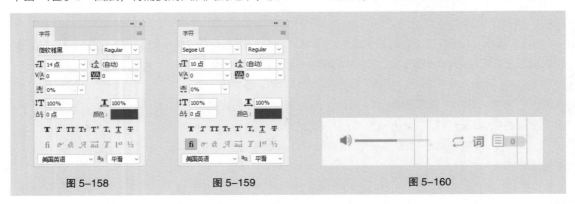

图 5-158　　　　　　　　　图 5-159　　　　　　　　　　　　图 5-160

（11）按 Ctrl+S 组合键，弹出"存储为"对话框，将其命名为"制作 Song 音乐播放器软件首页"，保存为 psd 格式，单击"保存"按钮，单击"确定"按钮，将文件保存。Song 音乐播放器软件首页制作完成。

5.4.2　课堂案例——制作 Song 音乐播放器软件歌单页

【案例学习目标】学习使用绘图工具、文字工具和"创建剪贴蒙版"命令制作音乐播放器软件歌单页。

【案例知识要点】使用"置入"命令置入图片，使用剪贴蒙版调整图片显示区域，使用"横排文字"工具添加文字，使用"矩形"工具绘制基本形状，效果如图 5-161 所示。

【效果所在位置】云盘 /Ch05/ 效果 / 制作 Song 音乐播放器软件 / 制作 Song 音乐播放器软件歌单页 .psd。

制作 Song
音乐播放器
软件歌曲单页

图 5-161

1. 制作侧导航栏及导航栏

（1）按 Ctrl+N 组合键，新建一个文件，宽度为 900 像素，高度为 580 像素，分辨率为 72 像素/英寸，将背景内容设为灰色（241、241、241），如图 5-162 所示，单击"创建"按钮，完成文档的新建。

（2）在"Song 音乐播放器软件首页"图像窗口中，选择"侧导航"图层组，按住 Shift 键的同时，单击"导航栏"图层组，将需要的图层组同时选取。单击鼠标右键，在弹出的菜单中选择"复制图层"命令，在弹

图 5-162

出的对话框中进行设置，如图 5-163 所示，单击"确定"按钮，效果如图 5-164 所示。

图 5-163　　　　　　　　　　　　　　　图 5-164

（3）打开"导航栏"图层组，选择"精选　歌手…"图层，选择"横排文字"工具 **T.**，选中文字"精选"，在"字符"面板中将"颜色"设为深灰色（39、39、39）。用相同的方法选中文字"分类歌单"，在"字符"面板中将"颜色"设为蓝色（63、170、254），效果如图 5-165 所示。

图 5-165

（4）选择"形状 2"图层，选择"移动"工具 **✛.**，按住 Shift 键的同时，将"形状 2"图层拖曳到图像窗口中适当的位置。选择"直接选择"工具 **▶.**，选取需要的锚点，如图 5-166 所示，并将其拖曳到适当的位置，效果如图 5-167 所示。

分类歌单　　　　分类歌单

图 5-166　　　　图 5-167

2. 制作内容区

（1）选择"视图 > 新建参考线版面"命令，弹出"新建参考线版面"对话框，设置如图 5-168 所示。单击"确定"按钮，完成参考线的创建，效果如图 5-169 所示。

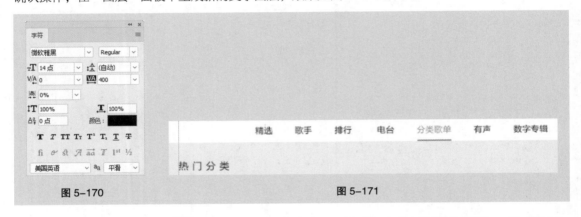

图 5-168

图 5-169

（2）选择"横排文字"工具 **T**，在距离上方图形28像素的位置输入需要的文字并选取文字，在"字符"面板中将"颜色"设为黑灰色（39、39、39），其他选项的设置如图 5-170 所示，按 Enter 键确认操作，在"图层"面板中生成新的文字图层，效果如图 5-171 所示。

图 5-170

图 5-171

（3）选择"矩形"工具 □，在属性栏中的"选择工具模式"选项中选择"形状"，将"填充"颜色设为白色，"描边"颜色设为无。在图像窗口中适当的位置绘制矩形，如图 5-172 所示，在"图层"面板中生成新的形状图层"矩形 3"。

（4）选择"横排文字"工具 **T**，在适当的位置输入需要的文字并选取文字，在"字符"面板中将"颜色"设为深灰色（39、39、39），其他选项的设置如图 5-173 所示，按 Enter 键确认操作，效果如图 5-174 所示，在"图层"面板中生成新的文字图层。

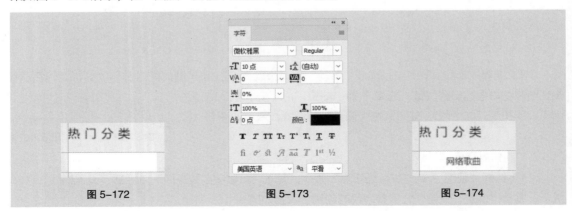

图 5-172

图 5-173

图 5-174

（5）用相同的方法制作其他分类，效果如图5-175所示。按住Shift键的同时，单击"矩形3"图层，将需要的图层同时选取，按Ctrl+G组合键，群组图层并将其命名为"标签"，如图5-176所示。

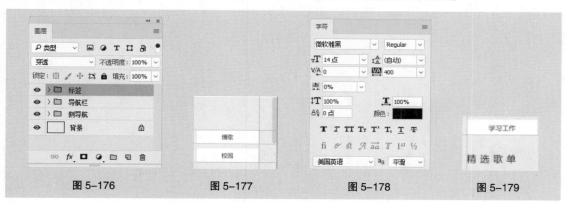

图5-175

（6）选择"圆角矩形"工具 ⬜ ，在属性栏中将"填充"颜色设为浅灰色（215、215、215），"描边"颜色设为无，"半径"选项设为10像素，在图像窗口中适当的位置绘制圆角矩形，如图5-177所示，在"图层"面板中生成新的形状图层并将其命名为"滚动条"。

（7）选择"横排文字"工具 T ，在距离上方图形30像素的位置输入需要的文字并选取文字，在"字符"面板中将"颜色"设为深灰色（39、39、39），其他选项的设置如图5-178所示，按Enter键确认操作，效果如图5-179所示，在"图层"面板中生成新的文字图层。

图5-176　　　　图5-177　　　　图5-178　　　　图5-179

（8）再次在适当的位置输入需要的文字并选取文字，在"字符"面板中将"颜色"设为深灰色（39、39、39），其他选项的设置如图5-180所示，按Enter键确认操作，在"图层"面板中生成新的文字图层。选取需要的文字，在"字符"面板中将"颜色"设为蓝色（63、170、254），其他选项的设置如图5-181所示，按Enter键确认操作，效果如图5-182所示。

（9）选择"视图 > 新建参考线版面"命令，弹出"新建参考线版面"对话框，设置如图5-183所示。单击"确定"按钮，完成参考线的创建。

图5-180　　　　图5-181

图5-182

（10）选择"视图 > 新建参考线"命令，弹出"新建参考线"对话框，在250像素的位置新建一条水平参考线，设置如图5-184所示，单击"确定"按钮，完成参考线的创建。用相同的方法创建另外两条参考线，设置如图 5-185 和图 5-186 所示，单击"确定"按钮，完成参考线的创建，效果如图 5-187 所示。

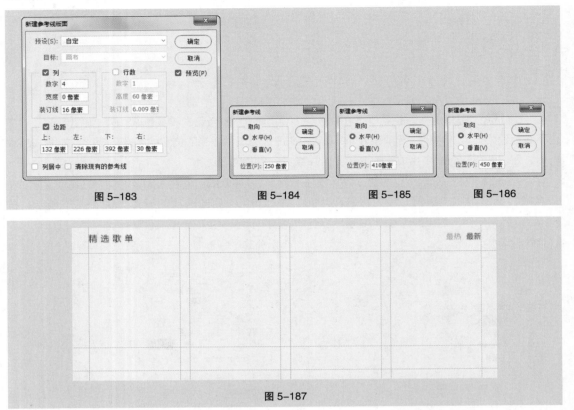

图 5-183   图 5-184   图 5-185   图 5-186

图 5-187

（11）选择"矩形"工具 □，在属性栏中将"填充"颜色设为浅灰色（220、220、220），"描边"颜色设为无。在图像窗口中适当的位置绘制矩形，如图 5-188 所示，在"图层"面板中生成新的形状图层"矩形 4"。

（12）选择"文件 > 置入嵌入对象"命令，弹出"置入嵌入的对象"对话框，选择云盘中的"Ch05 > 素材 > 制作 Song 音乐播放器软件 > 制作 Song 音乐播放器软件歌单页 > 02"文件，单击"置入"按钮，将图片置入到图像窗口中。将其拖曳到适当的位置并调整其大小，按 Enter 键确认操作，在"图层"面板中生成新的图层"02"。按 Alt+Ctrl+G 组合键，为"02"图层创建剪贴蒙版，效果如图 5-189 所示。

（13）按 Ctrl+O 组合键，打开云盘中的"Ch05> 制作 Song 音乐播放器软件 > 制作 Song 音乐播放器软件歌单页 > 01"文件，选择"移动"工具 ✛，将"耳机"图形拖曳到图像窗口中适当的位置并调整其大小，效果如图 5-190 所示，在"图层"面板中生成新的形状图层"耳机"。

（14）选择"横排文字"工具 T，在适当的位置输入需要的文字并选取文字，在"字符"面板中将"颜色"设为白色，其他选项的设置如图 5-191 所示，按 Enter 键确认操作，效果如图 5-192 所示，在"图层"面板中生成新的文字图层。

（15）在适当的位置输入需要的文字并选取文字，在"字符"面板中将"颜色"设为深灰色（39、39、39），其他选项的设置如图 5-193 所示，按 Enter 键确认操作，效果如图 5-194 所示，在"图层"面板中生成新的文字图层。

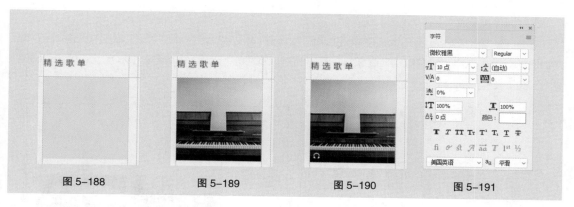

图 5-188   图 5-189   图 5-190   图 5-191

（16）再次在适当的位置输入需要的文字并选取文字，在"字符"面板中将"颜色"设为浅灰色（127、127、127），其他选项的设置如图 5-195 所示，按 Enter 键确认操作，效果如图 5-196 所示，在"图层"面板中生成新的文字图层。按住 Shift 键的同时，单击"矩形 4"图层，将需要的图层同时选取，按 Ctrl+G 组合键，群组图层并将其命名为"歌单 1"。

图 5-192

（17）用相同的方法分别制作其他图层组。按住 Shift 键的同时，单击"标签"图层组，将需要的图层同时选取，按 Ctrl+G 组合键，群组图层并将其命名为"内容区"，效果如图 5-197 所示。

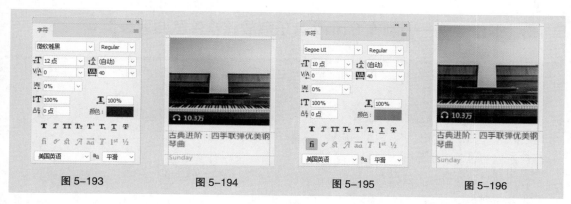

图 5-193   图 5-194   图 5-195   图 5-196

图 5-197

3. 制作控制栏

（1）在"制作 Song 音乐播放器软件首页"图像窗口中，选择"控制栏"图层组。单击鼠标右键，在弹出的菜单中选择"复制图层"命令，在弹出的对话框中进行设置，如图 5-198 所示，单击"确定"按钮，效果如图 5-199 所示。

图 5-198   图 5-199

（2）按 Ctrl+S 组合键，弹出"存储为"对话框，将其命名为"制作 Song 音乐播放器软件歌单页"，保存为 psd 格式，单击"保存"按钮，单击"确定"按钮，将文件保存。Song 音乐播放器软件歌单页制作完成。

5.4.3 课堂案例——制作 Song 音乐播放器软件歌曲列表页

【案例学习目标】学习使用绘图工具、文字工具和"创建剪贴蒙版"命令制作音乐播放器软件歌曲列表页。

【案例知识要点】使用"置入"命令置入图片，使用剪贴蒙版调整图片显示区域，使用"横排文字"工具添加文字，使用"矩形"工具、"椭圆"工具和"直线"工具绘制基本形状，最终效果如图 5-200 所示。

【效果所在位置】云盘 /Ch05/ 效果 / 制作 Song 音乐播放器软件 / 制作 Song 音乐播放器软件歌曲列表页 .psd。

制作 Song 音乐播放器软件歌曲列表页

图 5-200

1. 制作侧导航栏及导航栏

（1）按 Ctrl+N 组合键，新建一个文件，宽度为 900 像素，高度为 580 像素，分辨率为 72 像素/英寸，将背景内容设为灰色（241、241、241），如图 5-201 所示，单击"创建"按钮，完成文档的新建。

（2）在"制作 Song 音乐播放器软件歌单页"图像窗口中，选择"侧导航"图层组，按住 Shift 键的同时，单击"导航栏"图层组，将需要的图层组同时选取。单击鼠标右键，在弹出的菜单中选择"复制图层"命令，在弹出的对话框中进行设置，如图 5-202 所示，单击"确定"按钮，效果如图 5-203 所示。

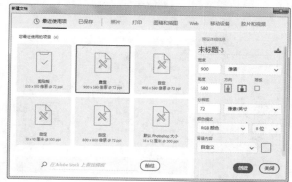

图 5-201

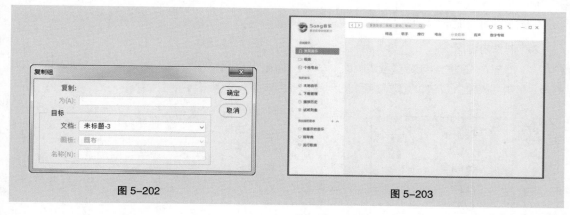

图 5-202

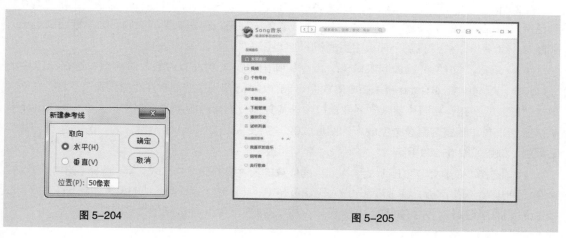

图 5-203

（3）选择"视图 > 新建参考线"命令，弹出"新建参考线"对话框，在 50 像素的位置新建一条水平参考线，设置如图 5-204 所示，单击"确定"按钮，完成参考线的创建，如图 5-205 所示。

（4）打开"导航栏"图层组，删除"形状 2"和"精选 歌手…"图层，并选择"矩形 2"图层。按 Ctrl+T 组合键，在图形周围生成变换框，向内拖曳下方中间的控制手柄到适当的位置，调整其大小，按 Enter 键确认操作。

图 5-204

图 5-205

（5）单击"图层"面板下方的"添加图层样式"按钮 *fx.*，在弹出的菜单中选择"投影"命令，在弹出的对话框中设置投影颜色为灰色（153、151、151），其他选项的设置如图5-206所示，单击"确定"按钮，效果如图5-207所示。

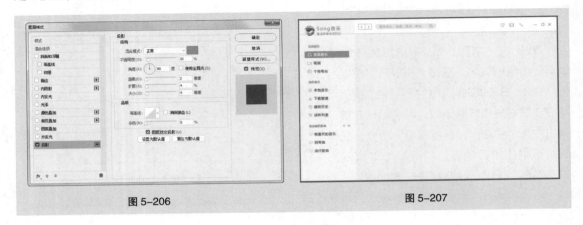

图 5-206　　　　　　　　　　　　　　　　　　图 5-207

2. 制作内容区

（1）选择"视图 > 新建参考线版面"命令，弹出"新建参考线版面"对话框，设置如图5-208所示。单击"确定"按钮，完成参考线的创建，效果如图5-209所示。

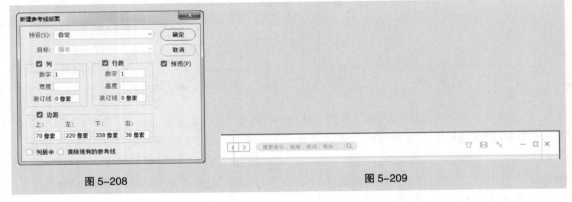

图 5-208　　　　　　　　　　　　　　　　　　图 5-209

（2）选择"矩形"工具 □.，在属性栏中的"选择工具模式"选项中选择"形状"，将"填充"颜色设为浅灰色（220、220、220），"描边"颜色设为无。在图像窗口中适当的位置绘制矩形，如图5-210所示，在"图层"面板中生成新的形状图层"矩形3"。

（3）选择"文件 > 置入嵌入对象"命令，弹出"置入嵌入的对象"对话框，选择云盘中的"Ch05 > 素材 > 制作Song音乐播放器软件 > 制作Song音乐播放器软件歌曲列表页 > 02"文件，单击"置入"按钮，将图片置入到图像窗口中，将其拖曳到适当的位置并调整其大小，按Enter键确认操作，在"图层"面板中生成新的图层"02"。按Alt+Ctrl+G组合键，为"02"图层创建剪贴蒙版，效果如图5-211所示。

（4）选择"横排文字"工具 **T.**，在适当的位置输入需要的文字并选取文字。选择"窗口 > 字符"命令，弹出"字符"面板，将"颜色"设为深灰色（16、16、16），其他选项的设置如图5-212所示，按Enter键确认操作，效果如图5-213所示，在"图层"面板中生成新的文字图层。

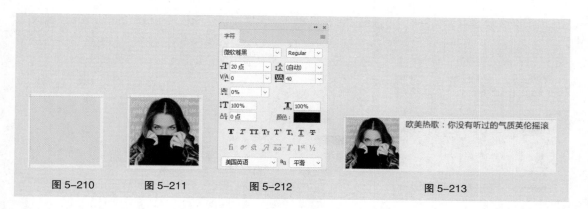

图 5-210　　　　图 5-211　　　　　　图 5-212　　　　　　　　　　图 5-213

（5）选择"椭圆"工具◯.，在属性栏中将"填充"颜色设为深灰色（62、62、62），"描边"颜色设为无。按住 Shift 键的同时，在距离上方图形 14 像素的位置绘制圆形，如图 5-214 所示，在"图层"面板中生成新的形状图层"椭圆 2"。

（6）选择"文件 > 置入嵌入对象"命令，弹出"置入嵌入的对象"对话框，选择云盘中的"Ch05 > 素材 > 制作 Song 音乐播放器软件 > 制作 Song 音乐播放器软件歌曲列表页 > 03"文件，单击"置入"按钮，将图片置入到图像窗口中。将其拖曳到适当的位置并调整其大小，按 Enter 键确认操作，在"图层"面板中生成新的图层"03"。按 Alt+Ctrl+G 组合键，为"03"图层创建剪贴蒙版，效果如图 5-215 所示。

图 5-214　　　　　　　　　　　　　　　　　　　图 5-215

（7）选择"横排文字"工具 T.，在适当的位置分别输入需要的文字并选取文字，在"字符"面板中将"颜色"设为深灰色（60、60、60），其他选项的设置如图 5-216 所示，按 Enter 键确认操作，效果如图 5-217 所示，在"图层"面板中分别生成新的文字图层。

（8）在距离上方图形 14 像素的位置输入需要的文字并选取文字，在"字符"面板中将"颜色"设为浅灰色（127、127、127），其

图 5-216　　　　　　　图 5-217

他选项的设置如图 5-218 所示，按 Enter 键确认操作。再次在适当的位置输入需要的文字并选取文字，在"字符"面板中将"颜色"设为浅灰色（62、62、62），其他选项的设置如图 5-219 所示，按 Enter 键确认操作，效果如图 5-220 所示，在"图层"面板中生成新的文字图层。

（9）选择"圆角矩形"工具◻.，在属性栏中将"填充"颜色设为蓝色（148、148、148），"描边"颜色设为无，"半径"选项设为 2 像素。在距离上方文字 22 像素的位置绘制圆角矩形，如图 5-221 所示，在"图层"面板中生成新的形状图层"圆角矩形 4"。

（10）按 Ctrl + O 组合键，打开云盘中的"Ch05> 素材 > 制作 Song 音乐播放器软件 > 制作 Song 音乐播放器软件歌曲列表页 > 01"文件，选择"移动"工具 ✛.，将"播放"图形拖曳到图像

窗口中适当的位置并调整其大小，效果如图5-222所示，在"图层"面板中生成新的形状图层"播放"。

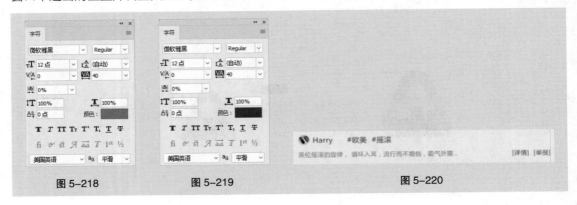

图 5-218　　　　　　　图 5-219　　　　　　　　　图 5-220

（11）选择"横排文字"工具 **T.**，在适当的位置输入需要的文字并选取文字，在"字符"面板中将"颜色"设为白色，其他选项的设置如图5-223所示，按 Enter 键确认操作，效果如图5-224所示，在"图层"面板中生成新的文字图层。

图 5-221　　　　　　　　图 5-222　　　　　图 5-223　　　　　图 5-224

（12）按住 Shift 键的同时，单击"圆角矩形 4"图层，将需要的图层同时选取，按 Ctrl+G 组合键，群组图层并将其命名为"播放全部"，如图5-225所示。

（13）用相同的方法制作其他图层组，如图5-226所示。分别选中其他图层组中的"圆角矩形5"图层，将"颜色"设为白色。分别选中其他图层组中的文字图层，将"颜色"设为深灰色（60、60、60），效果如图5-227所示。按住 Shift 键的同时，单击"矩形 3"图层，将需要的图层同时选取，按 Ctrl+G 组合键，群组图层并将其命名为"标题栏"。

图 5-225　　　　　　　　图 5-226　　　　　　　　图 5-227

（14）选择"矩形"工具 ，在属性栏中将"填充"颜色设为白色，"描边"颜色设为无。在图像窗口中适当的位置绘制矩形，如图5-228所示，在"图层"面板中生成新的形状图层"矩形4"。

（15）选择"圆角矩形"工具，在属性栏中将"半径"选项设为10像素，在图像窗口中适当的位置绘制圆角矩形。在属性栏中将"填充"颜色设为浅灰色（215、215、215），"描边"

图 5-228

颜色设为无，如图5-229所示，在"图层"面板中生成新的形状图层并将其命名为"滚动条"。

图 5-229

（16）选择"横排文字"工具 T，在距离上方参考线14像素的位置输入需要的文字并选取文字，在"字符"面板中将"颜色"设为浅灰色（39、39、39），其他选项的设置如图5-230所示，按Enter键确认操作。选取需要的文字，在"字符"面板中将"颜色"设为蓝色（63、170、254），如图5-231所示，图像效果如图5-232所示，在"图层"面板中生成新的文字图层。

图 5-230　　　　图 5-231　　　　　　　　图 5-232

（17）选择"直线"工具 ⁄，在属性栏中将"填充"颜色设为无，"描边"颜色设为灰色（242、242、242），"粗细"选项设为1像素。按住Shift键的同时，在图像窗口中适当的位置绘制直线，如图5-233所示，在"图层"面板中生成新的形状图层"形状2"。

图 5-233

（18）选择"移动"工具 ✛，按Alt+Ctrl+T组合键，在图形周围出现变换框，按住Shift键的同时，垂直向下拖曳图形到适当的位置，复制图形，在"图层"面板中生成新的形状图层"形状2拷贝"，按 Enter 键确认操作。连续按 Alt+ Shift+Ctrl+T 组合键，按需要再复制多个图形，效果如图 5-234 所示。

（19）选择"直线"工具 ，在属性栏中将"粗细"选项设为 1 像素，按住 Shift 键的同时，在图像窗口中适当的位置绘制直线。在属性栏中将"填充"颜色设为无，"描边"颜色设为蓝色（63、170、254），如图 5-235 所示，在"图层"面板中生成新的形状图层"形状3"。

图 5-234   图 5-235

（20）选择"横排文字"工具 ，在距离上方形状 14 像素的位置输入需要的文字并选取文字。在"字符"面板中将"颜色"设为浅灰色（113、113、113），其他选项的设置如图 5-236 所示，按 Enter 键确认操作，效果如图 5-237 所示，在"图层"面板中生成新的文字图层。

图 5-236   图 5-237

（21）选择"横排文字"工具 ，在图像窗口中适当的位置拖曳文本框，输入需要的文字并选取文字。在"字符"面板中将"颜色"设为深灰色（39、39、39），其他选项的设置如图 5-238 所示，按 Enter 键确认操作，效果如图 5-239 所示，在"图层"面板中生成新的文字图层。用相同的方法输入其他文字，效果如图 5-240 所示。

图 5-238   图 5-239   图 5-240

（22）在"02"图像窗口中，选择"移动"工具 ，按住 Ctrl 键的同时，分别选中需要的图层，将其拖曳到图像窗口中适当的位置并调整其大小，效果如图 5-241 所示，在"图层"面板中生成新的形状图层。将拖曳的形状图层同时选取，按 Ctrl+G 组合键，群组图层并将其命名为"小图标"。按住 Shift 键的同时，单击"标题栏"图层组，将需要的图层同时选取，按 Ctrl+G 组合键，群组图层并将其命名为"内容区"。

图 5-241

3. 制作控制栏

（1）在"制作 Song 音乐播放器软件歌单页"图像窗口中，选择"控制栏"图层组。单击鼠标右键，在弹出的菜单中选择"复制图层"命令，在弹出的对话框中进行设置，如图 5-242 所示，单击"确定"按钮，效果如图 5-243 所示。

图 5-242   图 5-243

（2）按 Ctrl+S 组合键，弹出"存储为"对话框，将其命名为"制作 Song 音乐播放器软件歌曲列表页"，保存为 psd 格式，单击"保存"按钮，单击"确定"按钮，将文件保存。Song 音乐播放器软件歌曲列表页制作完成。

5.5 | 课堂练习——制作 More 音乐播放器软件

【案例学习目标】学习使用绘图工具、文字工具和"创建剪贴蒙版"命令制作音乐播放器软件。

【案例知识要点】使用"置入"命令置入图片，使用剪贴蒙版调整图片显示区域，使用"横排文字"工具添加文字，使用"矩形"工具、"圆角矩形"工具、"椭圆"工具和"直线"

工具绘制基本形状，最终效果如图 5-244 所示。

【效果所在位置】云盘 /Ch05/ 效果 / 制作 More 音乐播放器软件。

图 5-244

制作 More
音乐播放器
软件首页 1

制作 More
音乐播放器
软件首页 2

制作 More
音乐播放器
软件歌单页

制作 More 音
乐播放器软件
歌曲列表页

5.6 课后习题——制作 CoolPlayer 音乐播放器软件

【案例学习目标】学习使用绘图工具、文字工具和"创建剪贴蒙版"命令制作音乐播放器软件。

【案例知识要点】使用"置入"命令置入图片，使用剪贴蒙版调整图片显示区域，使用"横排文字"工具添加文字，使用"矩形"工具、"圆角矩形"工具、"椭圆"工具和"直线"工具绘制基本形状，最终效果如图 5-245 所示。

【效果所在位置】云盘 /Ch05/ 效果 / 制作 CoolPlayer 音乐播放器软件。

图 5-245

制作 Cool
Player 音乐
播放器软件
首页 1

制作 Cool
Player 音乐
播放器软件
首页 2

制作 Cool
Player 音乐
播放器软件
歌单页

制作 Cool
Player 音乐
播放器软件
歌曲列表页

第6章

06

游戏界面设计

▶ **学习引导**

　　游戏界面泛指对游戏的操作界面进行美化设计。本章针对游戏界面的基础知识、设计规范、常用类型及绘制方法进行了系统讲解与演练。通过本章的学习，读者可以对游戏界面设计有一个基本的认识，并快速掌握绘制游戏常用界面的规范和方法。

学习目标

知识目标

- 了解软件游戏界面设计的基础知识
- 掌握游戏界面设计的规范
- 认识游戏界面常用界面类型

能力目标

- 掌握益智类游戏——商城界面的绘制方法
- 掌握益智类游戏——操作界面的绘制方法
- 掌握益智类游戏——胜利界面的绘制方法

素养目标

- 培养能够与人有效沟通的合作能力
- 培养借助团队力量获取有效信息的能力
- 培养对自己职业发展有明确意识的就业与创业能力

慕课视频

游戏界面设计

6.1 游戏界面设计的基础知识

游戏界面设计的基础知识包括游戏界面设计的概念、游戏界面设计的流程及游戏界面设计的原则。

6.1.1 游戏界面设计的概念

游戏界面设计，又称为"游戏 UI"，英文名称为"Game U"，是界面设计的一个分支，用来专门设计游戏画面内容。游戏界面将必要的信息合理地设计在界面上，引导用户进行交互操作，是玩家与游戏进行沟通的桥梁，如图 6-1 所示。游戏界面又可以分为网页游戏界面、手机游戏界面、电视游戏界面等类型。

图 6-1 游戏界面

6.1.2 游戏界面设计的流程

游戏界面的设计可以按照分析调研、交互设计、交互自查、视觉设计、设计跟进、设计验证的步骤来进行，如图 6-2 所示。

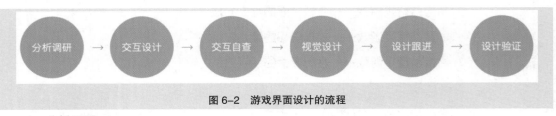

图 6-2 游戏界面设计的流程

1. 分析调研

游戏界面的设计是根据用户的需求、游戏的定位及类型来进行的。不同游戏的定位和类型，设计风格也会有所区别，如图 6-3 所示。因此要先分析需求，了解游戏受众，最后要通过同类型的游戏竞品调研，明确设计方向。

图 6-3　不同的游戏定位、不同的游戏类型，其设计风格也不同

2. 交互设计

交互设计是对整个游戏设计进行初步构思和制定的环节，一般需要进行架构设计、流程图设计、低保真原型、线框图设计等具体工作，如图 6-4 所示。

3. 交互自查

交互设计完成之后，进行交互自查是整个游戏设计流程中非常重要的一个阶段，可以在执行界面设计之前检查出是否有遗漏缺失的细节问题，具体可以参考 App 中的交互自查。

4. 视觉设计

原型图审查通过后就可以进入视觉设计阶段了，这个阶段的设计图即产品最终呈现给用户的界面。界面要求设计规范，图片、内容真实，如图 6-5 所示。

图 6-4　游戏界面草图

图 6-5　俄罗斯设计师 Dima Pazuk 创作的游戏界面

5. 设计跟进

设计跟进阶段需要设计人员和开发人员共同参与，主要保证设计细节的效果实现，如图 6-6 所示。

6. 设计验证

设计验证是最后一个阶段，是为游戏进行优化的重要支撑。在游戏正式上线后，通过用户的数据反馈进行记录，验证前期的设计，并继续优化，如图 6-7 所示。

图 6-6　该游戏的胜利界面加入了光束、圆点等
细节，需要设计跟进，以保证细节的实现

图 6-7　由巴基斯坦设计师 Muhammad Naeem 创作

6.1.3　游戏界面设计的原则

游戏界面设计有设计简洁、风格统一、视觉清晰、用户思维、符合习惯、操作自由 6 大原则。

1. 设计简洁

游戏界面设计要简洁美观，能够令游戏玩家使用方便，在操作上减少错误，可以进行顺畅的游戏交互，如图 6-8 所示。

图 6-8　简洁的游戏界面

2. 风格统一

游戏界面的风格要符合游戏的主题，并且进行统一。制作一套风格统一的游戏界面非常考验设计师的把控能力与设计技巧，因为这其中包括了对按钮、图标及色彩等各种元素的把控，如图 6-9 所示。

图 6-9　该游戏是一款投篮的体育类游戏，因此整体游戏风格运动、活泼

3．视觉清晰

视觉清晰有利于游戏质量的提升，加强游戏玩家对于游戏的认可。由于移动设备屏幕的特殊性，为了达到清晰度，需要游戏 UI 设计师制作不同的界面资源，如图 6-10 所示。

4．用户思维

应该站在用户的角度进行游戏界面设计，满足大部分玩家的想法。游戏的受众不同，用户对于界面的设计认知也不同，这些设计具体从元素造型、界面颜色、整体布局等方面表现，如图 6-11所示。

图 6-10　竞速类游戏中对于汽车的设计质量往往要求较高，因此需要游戏 UI 设计师提供不同尺寸的设计资源，保证清晰度

图 6-11　游戏的用户不同，设计风格也会有很大差别

5．符合习惯

游戏界面的操作一定要符合用户的认知与习惯，需要和用户的现实世界进行匹配。另外，用户的年龄及生活方式不同，也会导致较大的习惯差异。因此，游戏 UI 设计师要设计出符合用户习惯的界面，首先要进行目标用户的定位，如图 6-12 所示。

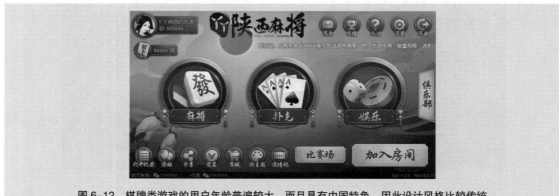

图 6-12　棋牌类游戏的用户年龄普遍较大，而且具有中国特色，因此设计风格比较传统

6．操作自由

游戏的互动方式应保持高度的操作自由，其操作工具不仅可以是鼠标、键盘，还可以是手柄、体感游戏设备，令用户充分沉浸在游戏体验中，如图 6-13 所示。

图 6-13　通过手柄进行游戏

6.2　游戏界面设计的规范

游戏界面设计的基础规范可以通过设计尺寸及单位、界面结构、布局、字体及图标 5 个方面进行详尽的剖析。

6.2.1　游戏界面设计的尺寸及单位

游戏界面根据设备分主要有手机游戏界面、平板游戏界面、网页游戏界面、电脑游戏界面及电视游戏界面。这几种界面的设计尺寸及单位在前面都进行过详尽的剖析，因此结合项目需求，参考前面的 App、网页及软件相关内容即可，如图 6-14 所示。

慕课视频

游戏界面设计
的规范

图 6-14　手机游戏

6.2.2　游戏界面设计的界面结构

　　游戏界面设计的界面结构可以依据用户对界面注意力的不同来进行划分，通常分为主要视觉区域、次要视觉区域及弱视区域，如图 6-15 所示。

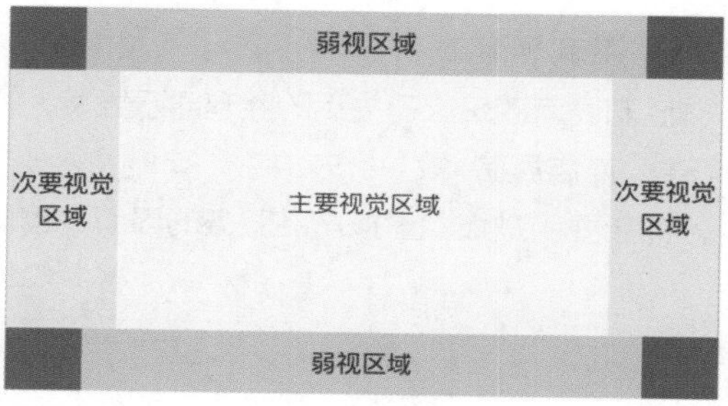

6.2.3　游戏界面设计的布局

　　游戏界面设计的布局可以从启动界面、主菜单界面、关卡界面、操作界面、胜利界面及商店界面 6 种常用界面的布局来进行阐述。

图 6-15　游戏界面设计结构图

1．启动界面

　　启动界面是游戏给予用户的第一印象，决定了游戏的门面，其常用布局如图 6-16 所示。

2．主菜单界面

　　游戏中的主菜单界面主要包括游戏的设置、操作的选择及相关帮助等，其常用布局如图 6-17 所示。

图 6-16　启动界面

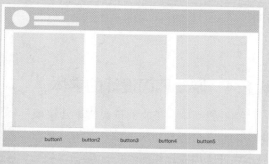

图 6-17　主菜单界面

3．关卡界面

　　关卡界面是令用户进入游戏操作的界面，主要是对一系列相同的元素进行有秩序的排版布局，其常用布局如图 6-18 所示。

4．操作界面

操作界面是用户真正进行游戏的界面，主要包括角色控制、时间提醒、血量提示等内容，其常用布局如图 6-19 所示。

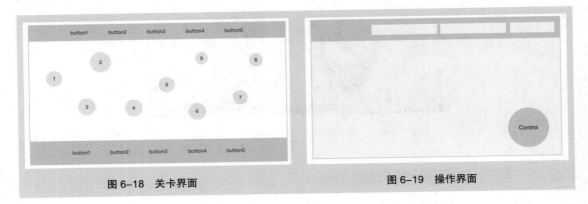

图 6-18　关卡界面　　　　　　　　　　　图 6-19　操作界面

5．胜利界面

胜利界面即玩家通关后的胜利显示界面，其常用布局如图 6-20 所示。

6．商店界面

商店界面是贩卖虚拟产品服务的界面，也是游戏盈利的主要来源，其常用布局如图 6-21 所示。

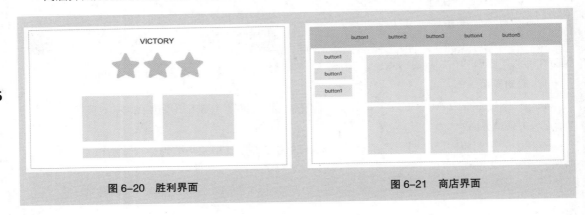

图 6-20　胜利界面　　　　　　　　　　　图 6-21　商店界面

6.2.4　游戏界面设计的字体

游戏界面中，正文阅读类文字建议根据不同的平台选择对应的系统字体，标题展示类文字需要根据游戏的风格进行对应的设计，如图 6-22 所示。

字号在 PC 网页中要大于 14 px，在移动设备中要大于 20 px。

图 6-22　经过设计的标题

6.2.5　游戏界面设计的图标

游戏界面中的图标规范前面都进行过详尽的剖析，因此结合项目需求，参考前面图标设计规范的相关内容即可，如图 6-23 所示。

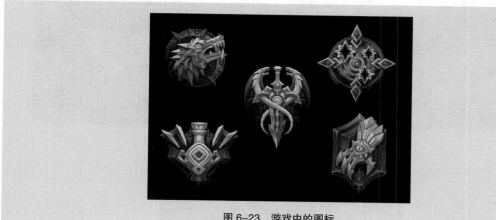

图 6-23　游戏中的图标

6.3　游戏常用界面类型

游戏界面设计是体现游戏品质、吸引用户的关键所在。在游戏界面中，常用界面类型为启动界面、主菜单界面、关卡界面、操作界面、胜利界面及商店界面。

慕课视频

游戏常用界面
类型

1．启动界面

游戏启动界面需要合理地设计游戏风格、游戏场景及游戏功能键等，只有设计出精美的启动界面才能够迅速抓住用户，如图 6-24 所示。

图 6-24　启动界面

2．主菜单界面

游戏中的主菜单界面突出了各元素间的分布关系，让游戏玩家可以更好地接收游戏的信息，无障碍地了解游戏，如图6-25所示。

图6-25　主菜单界面

3．关卡界面

关卡在游戏中起到了承上启下的作用，并能让用户清楚地了解到自身进行游戏的进度及程度，如图6-26所示。

图6-26　关卡界面

4．操作界面

生动的操作界面能够符合用户的心理预期，产生良好的沉浸式体验，如图6-27所示。

图 6-27　操作界面

5. 胜利界面

胜利界面对玩家起到鼓舞的作用，并伴随着奖励，令玩家产生喜悦，如图 6-28 所示。

图 6-28　胜利界面

6. 商店界面

游戏玩家可以通过购买商店的物品，提升自身游戏的战斗力，如图 6-29 所示。

图 6-29　商店界面，右由英国 UI/UX 设计师 Heather Murray 创作

6.4　课堂案例——制作水果消消消游戏

　　【案例学习目标】学习如何置入图片，并使用"移动"工具移动调整图片。

　　【案例知识要点】使用"新建参考线"命令新建参考线，使用"置入嵌入对象"命令导入图片并调整其大小和位置，使用"描边"命令给素材或文字添加边框，使用"内阴影"命令给图形添加阴影，效果如图 6-30 所示。

　　【效果所在位置】云盘 /Ch06/ 效果 / 制作水果消消消游戏。

图 6-30

1．制作水果消消消游戏商城界面

　　（1）按 Ctrl+N 组合键，新建一个文件，宽度为 750 像素，高度为 1 334 像素，分辨率为 72

像素/英寸，背景内容为白色，如图6-31所示，单击"创建"按钮，完成文档的新建。

（2）选择"视图>新建参考线"命令，弹出"新建参考线"对话框，在40像素的位置新建一条水平参考线，设置如图6-32所示，单击"确定"按钮，完成参考线的创建，效果如图6-33所示。

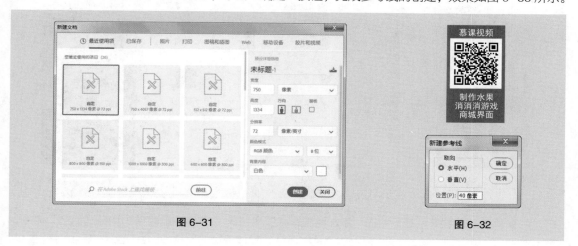

图6-31　　　　　　　　　　　　　　　　　　　　图6-32

（3）选择"视图>新建参考线"命令，弹出"新建参考线"对话框，在32像素的位置新建一条垂直参考线，设置如图6-34所示。单击"确定"按钮，完成参考线的创建，效果如图6-35所示。用相同的方法，在718像素（距离右边32像素）的位置新建一条垂直参考线，如图6-36所示。

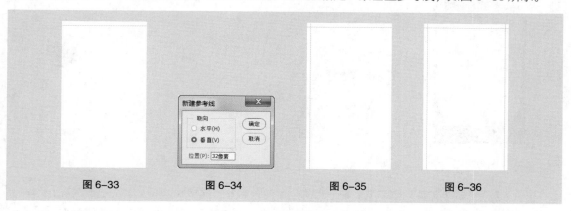

图6-33　　　　图6-34　　　　图6-35　　　　图6-36

（4）选择"文件>置入嵌入对象"命令，弹出"置入嵌入的对象"对话框，选择云盘中的"Ch06>素材>制作水果消消消游戏>制作水果消消消游戏商城界面>01"文件。单击"置入"按钮，将图片置入到图像窗口中，并调整其位置和大小，按Enter键确认操作，效果如图6-37所示，在"图层"面板中生成新的图层并将其命名为"背景图"。

（5）单击"图层"面板下方的"添加图层样式"按钮 fx ，在弹出的菜单中选择"颜色叠加"命令，弹出对话框，将叠加颜色设为黑色，其他选项的设置如图6-38所示。单击"确定"按钮，效果如图6-39所示。

（6）选择"文件>置入嵌入对象"命令，弹出"置入嵌入的对象"对话框，选择云盘中的"Ch06>素材>制作水果消消消游戏>制作水果消消消游戏商城界面>04"文件。单击"置入"按钮，将图片置入到图像窗口中，并调整其位置和大小，按Enter键确认操作，效果如图6-40所示，在"图层"面板中生成新的图层并将其命名为"商城底框"。使用相同的方法置入云盘中的"Ch06>素材>制

作水果消消消游戏 > 制作水果消消消游戏商城界面 > 02"文件，在"图层"面板中生成新的图层并将其命名为"商城"，效果如图 6-41 所示。

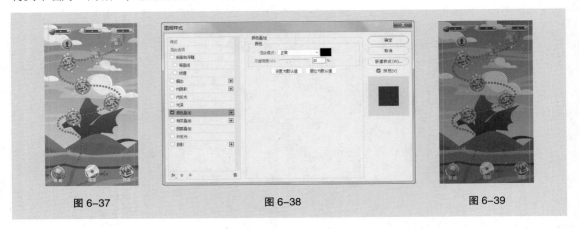

图 6-37　　　　　　　　　　　图 6-38　　　　　　　　　　　图 6-39

（7）单击"图层"面板下方的"添加图层样式"按钮 _fx_.，在弹出的菜单中选择"描边"命令，弹出对话框，将描边颜色设为黄色（248、165、68），其他选项的设置如图 6-42 所示，单击"确定"按钮，效果如图 6-43 所示。

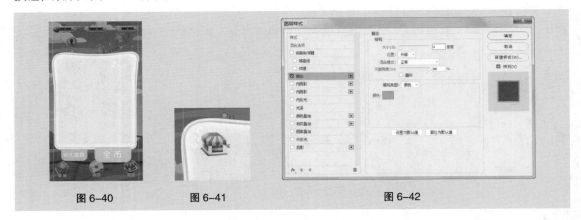

图 6-40　　　　　　　　　　图 6-41　　　　　　　　　　　图 6-42

（8）选择"横排文字"工具 _T_.，在适当的位置输入需要的文字并选取文字。选择"窗口 > 字符"命令，弹出"字符"面板，在"字符"面板中将"颜色"设为白色，其他选项的设置如图 6-44 所示，按 Enter 键确认操作，效果如图 6-45 所示，在"图层"面板中生成新的文字图层。

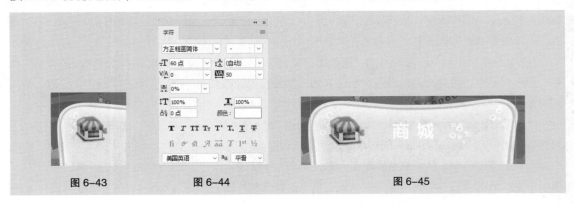

图 6-43　　　　　　　　　　图 6-44　　　　　　　　　　　图 6-45

（9）单击"图层"面板下方的"添加图层样式"按钮 *fx*，在弹出的菜单中选择"描边"命令，弹出对话框，将描边颜色设为黄色（248、165、68），其他选项的设置如图 6-46 所示，单击"确定"按钮，效果如图 6-47 所示。

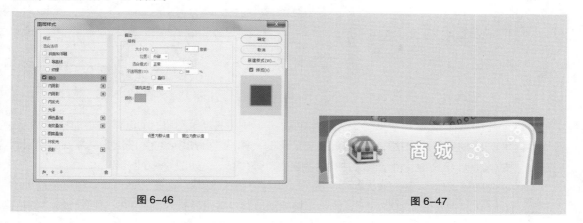

图 6-46   图 6-47

（10）选择"文件 > 置入嵌入对象"命令，弹出"置入嵌入的对象"对话框，选择云盘中的"Ch06 > 素材 > 制作水果消消消游戏 > 制作水果消消消游戏商城界面 > 03"文件。单击"置入"按钮，将图片置入到图像窗口中，并调整其位置和大小，按 Enter 键确认操作，效果如图 6-48 所示，在"图层"面板中生成新的图层并将其命名为"关闭按钮"。

（11）选择"圆角矩形"工具 □，在属性栏的"选择工具模式"选项中选择"形状"，将"填充"颜色设为粉色（250、191、188），"半径"选项设置为 16 像素，在图像窗口中绘制圆角矩形，效果如图 6-49 所示，在"图层"面板中生成新的形状图层"圆角矩形 1"。

图 6-48   图 6-49

（12）单击"图层"面板下方的"添加图层样式"按钮 *fx*，在弹出的菜单中选择"内阴影"命令，弹出对话框，将阴影颜色设为暗红色（203、75、68），其他选项的设置如图 6-50所示，单击"确定"按钮，效果如图 6-51 所示。

（13）将"圆角矩形 1"图层拖曳到控制面板下方的"创建新图层"按钮 □ 上进行复制，生成新的形状图层"圆角矩形 1 拷贝"，如图 6-52 所示。选择"移动"工具 ✛，按住 Shift 键的同时，拖曳复制的图形到适当的位置，效果如图 6-53 所示。

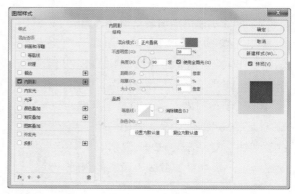

图 6-50

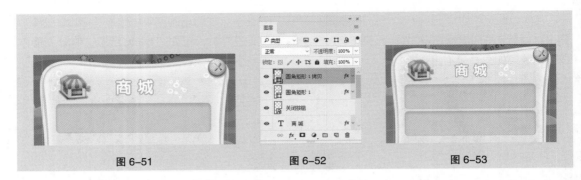

图 6-51　　　　　　　　　　　　　　　　图 6-52　　　　　　　　　　　　　　　图 6-53

（14）使用相同的方法再次复制 3 个形状图层，并分别将其拖曳到适当的位置，如图 6-54 所示。选中"圆角矩形 1 拷贝 4"图层，按住 Shift 键的同时，单击"圆角矩形 1"图层，将需要的图层同时选取。按 Ctrl+G 组合键，群组图层并将其命名为"分布框"，如图 6-55 所示。

（15）选择"文件 > 置入嵌入对象"命令，弹出"置入嵌入的对象"对话框，选择云盘中的"Ch06 > 素材 > 制作水果消消消游戏 > 制作水果消消消游戏商城界面 > 05"文件，单击"置入"按钮，将图片置入到图像窗口中，并调整其位置和大小，按 Enter 键确认操作，效果如图 6-56 所示，在"图层"面板中生成新的图层并将其命名为"金币 1"。

（16）使用相同的方法置入其他素材，效果如图 6-57 所示。选中"金币 5"图层，按住 Shift 键的同时，单击"金币 1"图层，将需要的图层同时选取。按 Ctrl+G 组合键，群组图层并将其命名为"金币价格"。水果消消消游戏商城界面制作完成。

图 6-54　　　　　　　　　图 6-55　　　　　　　　　图 6-56　　　　　　　　　图 6-57

2．制作水果消消消游戏操作界面

（1）按 Ctrl+N 组合键，新建一个文件，宽度为 750 像素，高度为 1 334 像素，分辨率为 72 像素 / 英寸，背景内容为白色，如图 6-58 所示，单击"创建"按钮，完成文档的新建。选择"视图 > 新建参考线"命令，弹出"新建参考线"对话框，在 40 像素的位置新建一条水平参考线，设置如图 6-59 所示，单击"确定"按钮，完成参考线的创建，如图 6-60 所示。

慕课视频

制作水果
消消消游戏
操作界面

图 6-58

（2）选择"视图 > 新建参考线"命令，弹出"新建参考线"对话框，在 32 像素的位置新建一条垂直参考线，设置如图 6-61 所示，单击"确定"按钮，完成参考线的创建，如图 6-62 所示。用相同的方法在 718 像素（距离右侧 32 像素）的位置新建一条垂直参考线，如图 6-63 所示。

图 6-59　　　　图 6-60　　　　　图 6-61　　　　图 6-62　　　　图 6-63

（3）选择"文件 > 置入嵌入对象"命令，弹出"置入嵌入的对象"对话框，选择云盘中的"Ch06 > 素材 > 制作水果消消消游戏 > 制作水果消消消游戏操作界面 > 01"文件，单击"置入"按钮，将图片置入到图像窗口中，并调整其位置和大小，按 Enter 键确认操作，效果如图 6-64 所示，在"图层"面板中生成新的图层并将其命名为"底图"。

（4）单击"图层"面板下方的"添加图层样式"按钮 fx，在弹出的菜单中选择"颜色叠加"命令，将叠加颜色设为黑色，其他选项的设置如图 6-65 所示，单击"确定"按钮，效果如图 6-66 所示。

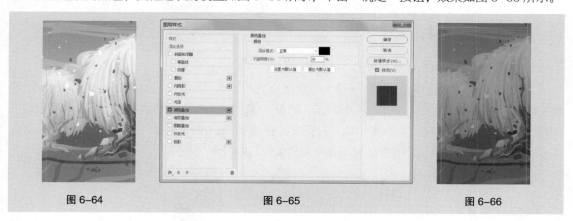

图 6-64　　　　　　　　　　图 6-65　　　　　　　　　　图 6-66

（5）选择"文件 > 置入嵌入对象"命令，弹出"置入嵌入的对象"对话框，选择云盘中的"Ch06 > 素材 > 制作水果消消消游戏 > 制作水果消消消游戏操作界面 > 05"文件，单击"置入"按钮，将图片置入到图像窗口中，并调整其位置和大小，按 Enter 键确认操作，效果如图 6-67 所示，在"图层"面板中生成新的图层并将其命名为"内容区"。

（6）按住 Shift 键的同时，单击"底图"图层，将所需要的图层同时选取。按 Ctrl+G 组合键，群组图层并将其命名为"内容区"，如图 6-68 所示。

（7）选择"文件 > 置入嵌入对象"命令，弹出"置

图 6-67　　　　　　图 6-68

入嵌入的对象"对话框，选择云盘中的"Ch06 > 素材 > 制作水果消消消游戏 > 制作水果消消消游戏操作界面 > 02"文件，单击"置入"按钮，将图片置入到图像窗口中，并调整其位置和大小，按Enter 键确认操作，效果如图 6-69 所示，在"图层"面板中生成新的图层并将其命名为"桃心"。使用相同的方法置入其他素材，效果如图 6-70 所示。按住 Shift 键的同时，单击"桃心"图层，将所需要的图层同时选取。按 Ctrl+G 组合键，群组图层并将其命名为"菜单栏"。

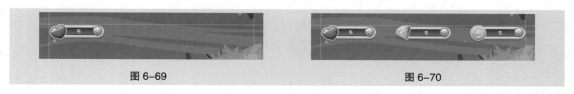

图 6-69   图 6-70

（8）选择"文件 > 置入嵌入对象"命令，弹出"置入嵌入的对象"对话框，选择云盘中的"Ch06 > 素材 > 制作水果消消消游戏 > 制作水果消消消游戏操作界面 > 06"文件，单击"置入"按钮，将图片置入到图像窗口中，并调整其位置和大小，按 Enter 键确认操作，效果如图 6-71 所示，在"图层"面板中生成新的图层并将其命名为"菜单背景"。

（9）使用相同的方法置入其他素材，效果如图 6-72 所示。按住 Shift 键的同时，单击"菜单背景"图层，将所需要的图层同时选取。按 Ctrl+G 组合键，群组图层并将其命名为"导航栏"。水果消消消游戏操作界面制作完成。

图 6-71   图 6-72

3．制作水果消消消游戏胜利界面

（1）按 Ctrl+N 组合键，新建一个文件，宽度为 750 像素，高度为 1 334 像素，分辨率为 72 像素 / 英寸，背景内容为白色，如图 6-73 所示，单击"创建"按钮，完成文档的新建。选择"视图 > 新建参考线"命令，弹出"新建参考线"对话框，在 40 像素的位置新建一条水平参考线，设置如图 6-74 所示，单击"确定"按钮，完成参考线的创建，如图 6-75 所示。

图 6-73   图 6-74   图 6-75

（2）选择"视图 > 新建参考线"命令，弹出"新建参考线"对话框，在 32 像素的位置新建一条垂直参考线，设置如图 6-76 所示，单击"确定"按钮，完成参考线的创建，如图 6-77 所示。用相同的方法在 718 像素（距离右侧 32 像素）的位置新建一条垂直参考线，如图 6-78 所示。

图 6-76　　　　　　　　　　图 6-77　　　　　　　　　　图 6-78

（3）选择"文件 > 置入嵌入对象"命令，弹出"置入嵌入的对象"对话框，选择云盘中的"Ch06 > 素材 > 制作水果消消消游戏 > 制作水果消消消游戏胜利界面 > 01"文件，单击"置入"按钮，将图片置入到图像窗口中，并调整其位置和大小，按 Enter 键确认操作，效果如图 6-79 所示，在"图层"面板中生成新的图层并将其命名为"底图"。使用相同的方法置入其他素材，效果如图 6-80 所示。

（4）选择"横排文字"工具 **T.**，在适当的位置输入需要的文字并选取文字。选择"窗口 > 字符"命令，弹出"字符"面板，在面板中将"颜色"设为深蓝色（11、94、120），其他选项的设置如图 6-81 所示，按 Enter 键确认操作，效果如图 6-82 所示，在"图层"面板中生成新的文字图层。

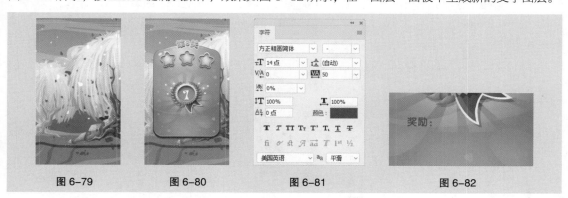

图 6-79　　　　　　　图 6-80　　　　　　　图 6-81　　　　　　　图 6-82

（5）选择"横排文字"工具 **T.**，在适当的位置输入需要的文字并选取文字，在"字符"面板中将"颜色"设为白色，其他选项的设置如图 6-83 所示，按 Enter 键确认操作，效果如图 6-84 所示，在"图层"面板中生成新的文字图层。使用相同的方法输入其他文字，效果如图 6-85 所示。

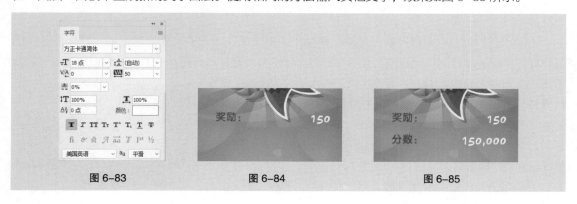

图 6-83　　　　　　　　图 6-84　　　　　　　　图 6-85

（6）选择"文件 > 置入嵌入对象"命令，弹出"置入嵌入的对象"对话框，选择云盘中的"Ch06 > 素材 > 制作水果消消消游戏 > 制作水果消消消游戏胜利界面 > 10"文件，单击"置入"按钮，将图片置入到图像窗口中，并调整其位置和大小，按 Enter 键确认操作，效果如图 6-86 所示，在"图层"面板中生成新的图层并将其命名为"下一关"。

（7）选择"横排文字"工具 T.，在适当的位置输入需要的文字并选取文字，在"字符"面板中将"颜色"设为白色，其他选项的设置如图 6-87 所示，按 Enter 键确认操作，效果如图 6-88 所示，在"图层"面板中生成新的文字图层。

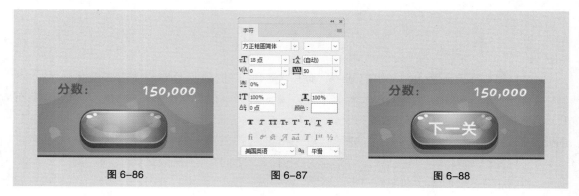

图 6-86　　　　　　　　图 6-87　　　　　　　　图 6-88

（8）单击"图层"面板下方的"添加图层样式"按钮 fx.，在弹出的菜单中选择"描边"命令，将描边颜色设为绿色（12、120、22），其他选项的设置如图 6-89 所示，单击"确定"按钮，效果如图 6-90 所示。

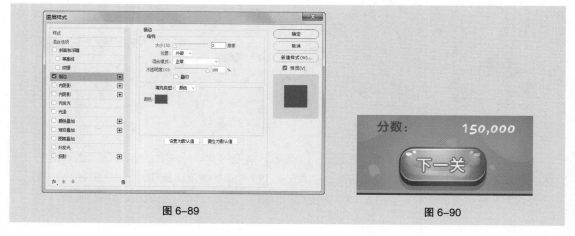

图 6-89　　　　　　　　　　　　　　图 6-90

（9）选择"文件 > 置入嵌入对象"命令，弹出"置入嵌入的对象"对话框，选择云盘中的"Ch06 > 素材 > 制作水果消消消游戏 > 制作水果消消消游戏胜利界面 > 11"文件，单击"置入"按钮，将图片置入到图像窗口中，并调整其位置和大小，按 Enter 键确认操作，效果如图 6-91 所示，在"图层"面板中生成新的图层并将其命名为"关闭按钮"。按住 Shift 键的同时，单击"底图"图层，将需要的图层同时选取，按 Ctrl+G 组合键，群组图层并将其命名为"内容区"。

图 6-91

（10）选择"文件 > 置入嵌入对象"命令，弹出"置入嵌入的对象"对话框，选择云盘中的"Ch06 > 素材 > 制作水果消消消游戏 > 制作水果消消消游戏胜利界面 > 02"文件，单击"置入"按钮，将图片置入到图像窗口中，并调整其位置和大小，按 Enter 键确认操作，效果如图 6-92 所示，在"图层"面板中生成新的图层并将其命名为"攻略"。使用相同的方法置入其他素材，效果如图 6-93 所示。

图 6-92　　　　　　　　　　　　　　图 6-93

（11）选择"文件 > 置入嵌入对象"命令，弹出"置入嵌入的对象"对话框，选择云盘中的"Ch06 > 素材 > 制作水果消消消游戏 > 制作水果消消消游戏胜利界面 > 12"文件，单击"置入"按钮，将图片置入到图像窗口中，并调整其位置和大小，按 Enter 键确认操作，效果如图 6-94 所示，在"图层"面板中生成新的图层并将其命名为"退出"。

（12）使用相同的方法置入其他素材，效果如图 6-95 所示。水果消消消游戏胜利界面制作完成。

图 6-94　　　　　　　　　　　　　　图 6-95

6.5 课堂练习——制作 Boom 游戏

【案例学习目标】学习如何置入图片，并使用"移动"工具移动调整图片。

【案例知识要点】使用"新建参考线"命令新建参考线，使用"置入嵌入对象"命令导入图片并调整其大小和位置，使用"描边"命令给文字添加边框，使用"投影"命令给文字和图形添加投影，使用"颜色叠加"命令制作背景图，效果如图 6-96 所示。

【效果所在位置】云盘 /Ch06/ 效果 / 制作 Boom 游戏。

制作 Boom 游戏操作界面

制作 Boom 游戏商店界面

制作 Boom 游戏胜利界面

图 6-96

【案例学习目标】学习如何置入图片，并使用"移动"工具移动调整图片。

【案例知识要点】使用"新建参考线"命令新建参考线，使用"置入嵌入对象"命令导入图片并调整其大小和位置，使用"描边"命令给文字添加边框，使用"斜面和浮雕""投影"命令给文字和图形添加效果，使用"渐变叠加"命令制作背景图，效果如图 6-97 所示。

【效果所在位置】云盘 /Ch06/ 效果 / 制作 Pet Fun 游戏。

制作 Pet Fun
游戏商店界面

制作 Pet Fun
游戏操作界面

制作 Pet Fun
游戏胜利界面

图 6-97